사춘기 딸에게 힘이 되어주는

부모의 말 공부

사춘기 딸에게 힘이 되어주는

부모의 말 공부

이현정 지음

포레스트북스

사춘기, 아이가 달라졌다

아이를 바라보고 있으면 가끔 시리도록 눈물이 납니다. 아이의 웃음소리는 얼었던 내 마음을 녹이고 아이의 미소는 봄날의 햇살처럼 눈이 부십니다. 아닌 척 숨겨 보지만 아이가 걱정되고 힘들지 않게 돕고 싶은 부모는 애간장을 태우며 하루하루를 보내고 있습니다.

눈에 넣어도 아프지 않은 내 아이.

어느 날, 딸아이가 순식간에 나를 향한 눈빛을 바꾸었습니다. 서늘하다 못해 바늘로 찌르는 듯한 고통이 느껴졌습니다.

'난감하다', '당황스럽다', 정확히 어떤 말로 정의해야 할지, 복잡 미묘한 감정에 휩싸여 도대체 왜 그러느냐며 아이를 다그쳤습니다. 이내 미안한 마음에 눈물짓기가 부지기수였지만, 또다시 원치 않는 대치 상황은 반복되었습니다. 도대체 어디서부터 잘못된 걸까요?

아이를 놓쳐버릴까 두려움에 허우적대던 날들 속에서 비로소 깨달았습니다.

'내게도 딸의 사춘기는 처음이지만, 딸아이 역시 사춘기는 처음이라는 사실'을요. 나를 중오해서도, 나를 떠나고 싶어서도 아닌, 아이도 자신에게 불어닥친 폭풍우를 필사적으로 이겨내고 있다는 걸 알았습니다.

'외롭지 않게 아이의 곁을 지켜야겠다.' 그 마음 하나로 딸의 속도에 맞춰, 딸의 숨소리에 귀 기울이며 나의 필요를 기다렸습니다. 어떤 날은 한결같이 든든한 소나무가 되었고, 어떤 날은 뜨거운 햇볕을 피할 수 있는 등나무가 되었습니다. 물론 어떤 날은 온갖 불평과 불만을 들어주는 대나무가 되었지요.

불안으로 시작했던 딸의 사춘기는 아이와 부모의 동반 성장이라는 선물을 안겨줍니다. 서로에 대한 이해와 긍정이 바탕이 된 기다림에서 사춘기는 곧 성숙과 성장의 또 다른 이름이라는 것을 알게 됩니다.

끝없이 펼쳐진 캄캄한 밤바다의 막막함에 힘들 수 있습니다. 사방을 둘러봐도 어디로 향하는 게 옳은 건지 매 순간 혼란스러워요. 잘못된 게 아닙니다. 누구나 경험하는 시간을 마주했을 뿐입니다.

시작은 쉽지 않겠지만 아이의 마음과 내 마음을, 아이의 말과 내 말이 나아갈 길에 작은 등대가 되어 여기 서 있겠습니다. 애쓰고 노력해도 예상치 못한 상황에 내 말이 내 마음과 달라 후회가 생길 수 있습니다. 그러나 괜찮습니다. 이미 우리가 변화하고자 하는 선택이 아이와 나를 좀 더 나은 방향으로 이끌고 있기 때문입니다.

다시 없을 딸의 사춘기, 마음껏 사춘기 꽃이 활짝 필 수 있기를 아낌없이 응원하겠습니다.

사춘기 딸 엄마, 이현정

| 차례 |

1부

딸의 사춘기,
이렇게 이해하세요

육아라는 이름으로 시작한 우리의 여정에 '사춘기'라는
마냥 반갑지만은 않은 이름이 다가왔습니다. 그 어떤
시기보다 딸의 사춘기는 아이를 온전히 믿고 지지해
줄 어른이 필요합니다. 비교하고 간섭하고 의심하는
어른 말고, 따뜻한 눈빛으로 기다려주는 그런 어른
말이죠.

'육아'라는 단어가 내가 모르는 아이의 특성을
이해하고 배우는 과정이라 정의한다면 사춘기 역시
크게 다르지 않습니다. 꾸중보다는 이해와 설명이
필요한 시기라는 공통점이 있으니까요.

다만, 사춘기를 맞이한 내 아이는 부모와 결별을
고합니다. 의존적이고 어리기만 한 '아이'라는
꼬리표를 벗어던지려 무던히도 애쓰고 가능하면 혼자
선택하고 혼자 결정하며 스스로 알아서 할 수 있는
존재임을 과시하고 싶어 하지요.

어떤 희생이 따르더라도 내 아이에겐 꽃길만 걷게
해주고 싶은 부모의 마음과 완벽하게 대치되는 내
아이의 마음을 지금부터 자세히 들여다보려 합니다.
서로에게 소원해져서도 사이가 나빠서도 아닙니다.

지금까지 충실히 해결사의 역할로 살아온 부모가 딸의
성장에 비례해 다음 단계의 부모 역할로 이동하는
것뿐입니다.
스스로 헤쳐나갈 수 있게 기다려주고 격려하며
부모와 자녀 사이의 적당한 거리를 유지해야 하는
딸의 사춘기. 변화는 늘 진통을 동반하고 그 속에서
더욱 단단해집니다. 갈등 속에서 좀 더 나은 해답을
찾아갈 수 있기를 응원하며 딸과 함께 건강한 성장을
이룰 우리가 되길 희망해 봅니다.

• 1장 •

사춘기, 내 아이의 유아기가 소환되다

처음 마주한 사춘기, 왠지 익숙한 느낌이 드는 이유는
뭘까?

　3살 아이와 13살 아이
　4살 아이와 14살 아이
　5살 아이와 15살 아이

다른 듯 비슷한 아이의 모습은 10년의 간극이 크지 않음
을 보여줍니다. 복잡한 사춘기에 아이의 10년 전 모습이

겹쳐 보이는 건 어쩌면 아이를 이해할 수 있는 긍정의 실마리는 아닌지 생각하게 됩니다. 딸의 지금을 똑바로 바라보고 이 아이가 가진 마음의 소리에 귀 기울이며 무엇을 원하는지, 무엇을 해낼 수 있는지 지금부터 있는 그대로의 시선으로 들여다 보기로 해요.

3살

많이 서툴지만 폭발적인 자신감을 장착하고서 세상의 중심이 자신인 것처럼 의기양양해요. 서툴지만 언어를 사용해 자신의 의사를 전달할 수 있고 이전보다 좀 더 단단해진 내 몸의 감각을 활용해 혼자서 할 수 있는 일들이 눈에 띄게 늘어나죠.

대부분의 일을 엄마에게 의존했던 자신에게서 벗어난 듯 당당해 가끔은 오만해 보이기도 합니다. "내가 할 거야!"를 외치는 모습에서 볼 수 있듯이 처음으로 타인의 도움이 아닌 스스로 해내는 자기 모습에 희열을 느끼고 타인의 개입을 거부하기 시작해요.

4살

이전에 알지 못했던 감정을 폭발적으로 쏟아내기 시작합니다. 30개월 전후, 부정적 감정이 표출되는 시기인 만큼 "안 해", "싫어", "엄마 미워!" 등등 간단한 표현의 단어로 시작해 조금씩 부정하는 문장으로 발전하고, 무조건적으로 "왜?"를 반복하다가 "이건 왜 이렇게 됐을까요?"라는 구체적인 의문사를 터뜨리는 시기가 옵니다. 아이마다 개인차가 크지만, 화를 내거나 투정을 부리는 식의 부정적 표출이 관찰되면 새로운 감정을 배우는 과정임을 기억하고 억누르지 말고 있는 그대로를 인정해주세요.

또한 이 시기는 부정적 감정을 깊이 있게 배우게 되는 만큼 내 마음속 감정을 스스로 이해하기 힘들어요. 짜증나고 눈물 나고 불쾌한 감정이 순간순간 솟구쳐 펑펑 울음을 터뜨리는 일이 부지기수지만 문제는 내 감정을 나도 온전히 이해하기 힘들다는 거예요. 이전에는 마냥 웃기만 했던 일들에 화가 나고 불만이 생겨 투정을 부리는 일이 일상이 됨과 동시에 3살에 했던 실수를 거듭하여 도전한 덕분에 혼자 할 수 있는 일들이 넘쳐나게 돼요. 엄마의 칭찬에 신이 나고 남들에게 인정받고 싶어 타인의 시선을 의식하기 시작하는 4살 딸은 더 예뻐 보이고 싶고 더 사랑받고 싶습니다.

5살

'혼자 할 수 있다'는 감정은 무엇보다 중요하고 간절히 원하는 행위 중 하나라 할 수 있어요. 그래서 어른들의 역할로만 분류된 일을 아이가 할 수 있게 기회를 주는 건 무엇보다 의미가 크답니다. 그런 기회를 다양하게 경험한 아이는 좀 더 의젓해지고, 자기 생각을 구체적이고 자세히 설명할 수 있어요. 타인에 대한 배려를 통해 내 맘대로 하기보다는 타인의 이야기를 경청한 후 행동하며 공감과 위로를 할 수 있게 됩니다.

울음을 터뜨리다가도 좋아하는 애착 인형을 보여주면 이내 울음을 그치고 눈가 가득 눈물을 머금고도 엄마의 웃는 모습에 방긋 웃어주었던 아이. 10년이 지난 지금은 어떨까요?

이전처럼 화제의 전환이 쉽지도 않고, 아이의 지친 어깨를 단번에 끌어 올려줄 묘책도 없지요. "내가 알아서 할

게", "나 지금 바빠"라고 얘기하고는 방문을 닫고 자기 방으로 들어가는 아이를, 부모는 받아들일 마음의 준비도 적응할 시간도 없이 어느 날 갑자기 마주합니다.

아이가 갑자기 달라지니 부모는 불안할 수밖에 없어요. 나도 모르게 10년간 아이만 바라보고 달려왔기 때문에 거기서 오는 배신감, 소외감, 일상의 변화가 두려워 본래의 상황과 모습으로 돌리려고 그렇게 애를 쓰게 되지요.

아이는 매일 성장합니다. 이전이 옳고 지금이 그른 게 아니라 몸도 마음도 자라기 때문에 이전과 다르게 행동하고 말하는 거예요. 우리가 할 수 있는 일은 아이가 살아온 10년의 속 경험과 생각들. 그 시간에 집중해야 지금의 내 아이를 이해할 수 있습니다.

5살까지만 아이와 생활하고 10년간 떨어져 지내다 재회했다면 이 아이의 표정을 읽을 방도가 없어요. 아이가 겉으로 표현하지 않고 마음을 숨긴다면 부모는 결코 아이의 감정을 파악할 수 없어요. 그저 겉으로 보이는 상황에 맞출 수밖에 없겠죠.

하지만 다행히 우리에게는 아이와 지지고 볶고 10여 년 3,650일이 넘는 수없이 많은 날들을 함께한 시간이 있지요. 내가 그동안 얼마나 아이에게 집중하고 몰입하며 관심사를 들여다봤는지에 따라 사춘기를 맞이했을 때 좀 더 빠르게 아이의 숨은 목소리를 찾아낼 수 있어요.

차곡차곡 성을 쌓아 올리듯
매일 화초를 키우듯
내 몸을 매일 들여다보듯

아이가 충분히 연습하고 준비가 되었다면, 자신이 그러기를 바라는 모습을 온전히 표출한다면, 자꾸만 확인하고 자꾸만 궁둥이 붙이고 곁에 있으려 했던 지난날은 잊고, 이제부터는 자기만의 공간을 만들어 자기만의 시간을 가지는 아이를 응원하고 격려해주세요.

지금이 바로 아이가 '개인'이 되기 위해 도약하는 시간이자 자신의 꿈을 좇는 시간입니다. 그런 기준을 가지고 아이를 바라보면 지금 내 안에  소용돌이치는 불안이 얼마나 무의미한 것들이었는지 알게 됩니다.

"내가 할래"를 외치던 그때 아이를 바라

봤던 그 따뜻한 시선으로, 아이가 온전히 혼자 하려는 많은 행위를 응원했던 그 마음으로 딸아이의 지금을 존중해 주세요. 내가 적당한 거리를 유지하는 그 간격만큼 아이는 '나의 꿈을 좇는 개인'이 되어갈 겁니다.

2장

딸의 사춘기,
단계별 특징

자아중심성, 감성적, 충동적, 비논리적,
감정 조절 능력 약화, 기억력 저하, 장기 계획성과 문제
해결 능력의 약화, 결과 예측 불가, 인정 욕구 강화

위에 나열된 단어는 대표적인 사춘기 아이들의 특징입니다. 내 앞에 있는 이 아이를 조금 더 이해하기 위해 나열해본 것뿐인데 내용만 봐서는 사춘기라는 시기가 참 매력없고 걱정되기 시작합니다. 하지만 사춘기가 담고 있는 과정은 몇 개의 단어로 단정 지을 수 없을 만큼 복잡하고 긴밀하게 다양한 요소들이 얽혀 있어요. 한심해 보이는 모습만 있는 것이 아닌 아이를 더 많이 성장시키고 아이의 강점

을 빛나게 하는 수많은 순간이 함께 공존하기 때문이지요.

하루에도 열두 번 감정의 롤러코스터를 타고 별거 아닌 일에 까르르 웃음을 터뜨리는 나이. 심란한 내 감정 때문에 더 심란해지고 상황에 따라 자꾸만 변하는 자신이 '다중인격이 아닐까?'라는 의구심이 들 정도로 혼란스러운 시기. 세상 사람들이 나만 바라보는 것 같고 친구랑 함께하는 게 가장 신나고 재미난 지금의 우리 아이는 사춘기란 이름으로 성장을 이어가고 있습니다.

"사춘기라 그렇네."
"사춘기는 다 그렇지 뭐."
"사춘기 지나면 다 나아지겠지."

이렇게 얘기하지 말아요, 우리. 우리는 아이를 좀 더 이해하고 사춘기라는 소용돌이 속에서 긍정으로 안내하기 위해 노력하는 사람들이니까요. 아이 입장으로 들여다봐야 지금에 대한 정답이 나옵니다.

부모가 다른 사람들이 흔히 늘어놓는 이야기에 함께 집중하면 아이는 보이지 않게 됩니다. 그러면 아무리 정답을 찾으려 해도 오답만 나올 수밖에 없어요.

내 눈앞에 있는 이 아이는 아빠의 어릴 적의 그 아이도, 엄마가 아는 옆집 아이도 아닙니다. '요즘 애들이 다 그렇지'라고 합리화하며 간섭해봤자 더 엇나가고 반항만 할 거라고 그냥 두지 마세요. 지금은 무탈하게 지나가길 바라며 언젠간 다시 예전의 착했던 내 아이로 돌아올 거라는 막연한 믿음으로 두 손을 모을 시간이 아닙니다.

'부모로서 내 아이를 제대로 볼 수 있는 눈을 가져야 할 때'입니다.

사춘기 초기

대개 초등 중학년부터 초등 고학년까지가 이 시기에 속합니다. 사춘기가 늦게 시작되는 딸은 6학년, 중학교 1학년에 시작되기도 하는데, 흔히 아들보다 딸의 사춘기가 빨리 시작됩니다. 말투가 퉁명스럽고 건방져지며 대답을 잘하지 않습니다. 대답만 하고 행동으로 옮기지 않는 일이 빈번해 큰소리를 내야 말을 듣습니다. 스마트폰은 물론 게임이나 영상매체에 빠르게 빠져듭니다. 딴짓을 하고 집중력이 약해 스스로 무엇을 해야 하는지 모를 때가 많습니다. 숙제보다는 놀기를 먼저 하려고 하고 학원에 빠질 궁리를 종종 합니다. 새벽같이 일어나 나를 깨우던 아이는 온데간데없고 호르몬의 변화로 아침에 잘 일어나질 못하고 늦게 자려고 합니다. 방 정리, 책상 정리를 잘 하지 않고 친한 친구가 없다고 얘기합니다. 부모의 말에 토를 달기 시작하고 아예 대답을 안 하기도 합니다. 2차 성징의 변화만큼 외모에 관심이 커지기 시작합니다.

사춘기 초기는 흔히 내 아이에게 사춘기가 시작된 건가 긴가민가한 시기라 할 수 있어요. 왜냐하면 확실히 사춘기라고 느끼기에는 아직 부모와의 관계가 그리 나쁘거나 문제가 크게 드러나지 않기 때문입니다. 단편적으로 내 말을 듣고 있는 건지 왜 저렇게 건성으로 대답하는 건지, 방문을 왜 닫고 들어가서 노는 건지 하는 식의 행동들 때문에 이제 제법 컸다고 하는 인식하게 되지만, 아직 초등학생이라는 위치 덕에 부모의 눈에는 귀엽게 보여서 넘어가는 일이 꽤 많아요.

사춘기 중기
중2병이 시작되는 시기, 사춘기라는 이름을 온전히 부

모가 인지하게 되는 격변을 거치는 절정의 시기입니다. 일반적으로 빠르면 중학교 1학년에서 2학년에 겪어요. 불평불만이 늘어나고 좀처럼 웃지 않으며 혼자 방에서 몇 시간이나 보내는 모습을 관찰할 수 있습니다. 말대꾸하고 소리를 버럭 지르기도 합니다.

짜증은 물론 감정 조절이 안 되는 모습도 쉽게 볼 수 있으며 고집을 부리고 자기 말이 무조건 옳다고 우기는 경향도 보입니다. 충동 조절이 힘들고 화가 나면 방문을 쾅 닫거나 문을 잠그고 부모의 인내심을 테스트하듯 버릇없는 태도를 보이며 빈정거리기도 합니다.

할 일을 하지 않고 미루고 게으르며 뭐든 느릿느릿 억지로 하는 경우가 많습니다. 시간 개념이 없으며 중독 수준으로 스마트폰을 사용하는데 영상은 물론 게임과 SNS, 웹툰에 빠집니다. 친구 관계가 이전보다 좀 더 심각한 상태로 또래 사이에서 마음을 붙이지 못하고 방황하는 모습을 종종 보이기도 하며 '나는 누구인가?'에 대한 고민을 수없이 반복합니다.

"귀찮아", "안 해", "싫어", "내가 알아서 할게", "어쩌라고", "나중에" 식의 말을 입에 달고 살며 한숨을 자주 쉽니다. 외모에 지나치게 관심을 가지며 어른 정도의 메이크업 실력을 갖추기도 합니다. 타인의 말이나 감정에 민감하게 반응하며 하루에도 열두 번씩 감정이 변하는 모습은 일상이 됩니다.

이렇듯 사춘기 중기를 지나는 아이의 감정은 변덕스럽기 그지없습니다. 세상에서 가장 행복했다가, 세상에서 제일 짜증이 난다는 말을 뱉어내는 게 이상하지 않은 시기지요. 이럴 때는 어느 장단에 맞춰 반응해야 할지 부모도 참난감한 게 사실입니다.

하지만 이 시기 아이는 나를 괴롭히기 위해서 그런 게 아니라 본인도 파도 같은 자신의 마음을 온전히 이해하지 못하는 게 현실입니다. 갑자기 찾아온 이 낯선 감정을 어떻게 해석해야 할지 어떻게 받아들여야 할지 모르니 단순한 표현을 빌려 "짜증 나 죽겠다", "망했다"라고 얘기하는 것이지요.

사춘기 후기

중학교 3학년부터 고등 1학년 시기인 15세부터 17세 정도를 사춘기 후기로 볼 수 있습니다. 아직 감정 조절에 있어 불안정한 모습을 보일 때도 많지만, 자신에 대한 고민이 어느 정도 정리되며 '나는 이런 사람이야', '나는 이런 사람이 되고 싶어'라는 생각을 깊이 있게 하기 시작합니다.

사춘기 중기에 폭포수처럼 넘쳐났던 부정적 정서를 어느 정도 통제하게 되고 계획과 문제해결 능력이 이전과 비교해 올라가기 시작합니다. 나의 감정에만 집중하는 게 아니라 타인의 감정이나 생각도 인정할 수 있는 자세를 갖추기 시작합니다. 이전보다 주의 집중을 하고 몰입하는 수준이 높아집니다. 내 감정을 해석하는 데 노련해지며 표현하는 능력도 세련됩니다.

사춘기 초기·중기를 어떻게 보내느냐에 따라 사춘기 후기 아이의 태도는 눈에 띄게 달라집니다. 갈등과 위기 속에서 이룬 성취를 통해 자신의 것으로 만들고 분명한 내적 동기를 완성할 것이기 때문입니다. 시행착오를 통해 의문을 가지고 갈등에 머물며 온전한 '나'를 찾는 과정은 사춘기 속 아름다운 꽃망울입니다.

사춘기를 마주하며 우리가 기억할 것은 일반화된 문제지와 답안지는 존재하지만, 아이들이 가진 제각각의 모습은 천차만별이라는 것입니다. 내 아이의 사춘기와 옆집 아이의 사춘기가 같을 수 없듯이, 아이마다 사춘기를 겪는 시기와 행태는 다양합니다. 아이를 키워오며 매 순간 깨달았던 사실, 내 아이의 답은 오직 내 아이에게만 있다는 걸 기억해주세요. 이 아이만의 고유한 속도로 사춘기라는 그림이 풍성하고 아름다운 빛을 담게 될 거라는 기대와 응원이면 충분합니다.

3장

사춘기 꽃이
활짝 필 수 있는
4가지 힘

사춘기라는 시간은 부모에게 위기의 순간이지만 딸에게는 아름다운 꽃봉오리를 터뜨리는 시간입니다. 차가운 겨울바람을 이겨낸 홍매화가 꽃망울을 터뜨리듯 끝날 것 같지 않은 사춘기는 인내의 시간을 지나 비로소 아름답게 활짝 핀 꽃잎으로 성장합니다. 그리고 머지않아 귀한 열매를 맺게 되지요.

추운 날 가장 먼저 봄을 알리는 매화는 저마다 개화하는 시기가 달라 각기 다른 이름으로 불리기도 합니다. 딸의 사춘기 역시 개인의 기질과 성향에 따라 어떤 방향으로 전

개되고, 얼마의 시간을 머무를지 알 수 없습니다.

하나 분명한 사실은 치열하게 고민하고 시행착오를 거친 만큼 건강한 꽃잎이 활짝 피어날 것이고 열매 또한 더욱 단단해진다는 것입니다.

이처럼 아름다운 사춘기 꽃이 활짝 필 수 있는 4가지 힘을 소개합니다. 아이의 삶에 기분 좋은 봄비, 따뜻한 햇살과 바람, 사랑이란 양분이 되어줄 것이라 믿어봅니다.

> ## 1. 자기 주도성
> 개인이 스스로 행동에 대한 욕구를 가지고 목표를 설정하고 이를 달성하기 위해 자신이 주체적 인간이 되는 것

부모가 바라보는 시선에 따라 사춘기에 딸의 행동은 '제멋대로 굴기 시작한다'가 될 수도 있지만 '자립심을 키워가기 시작했다'라고 할 수 있습니다. 내가 어떤 마음가짐으로 아이의 행동을 판단하느냐에 따라 사춘기는 전쟁터가 되기도 하고 웃음꽃이 가득한 잊지 못할 순간이 될 수도 있어요. 자, 지금 어떤 마음으로 아이를 바라보고 있나요?

"내가 알아서 할게."라고 툴툴거리며 시작된 사춘기의

첫 느낌, 기억하나요? 드디어 올 것이 왔다는 느낌으로 비장한 마음으로 보냈지만, 지금 뒤돌아 생각해보면 그때는 정말 아무것도 아니었다고 느껴질 거예요. 본격적인 사춘기에 비하면 그때는 정말 귀여웠구나 싶죠.

알아서 하겠다고 매번 외치면서도 정작 아무것도 알아서 하지 않던 시기를 지나 사춘기가 무르익어 갈 때쯤 비로소 '스스로 계획하고 행동하기 시작했'라는 점을 발견하게 될 거예요. 어떤 아이는 공부에서 자기 주도성을 발휘하지만, 대중교통은 절대 혼자 이용하지 못해요. 또, 어떤 아이는 공부는 시켜야 간신히 하지만 친구들을 약속 장소로 모아 이끌고 함께 영화를 보거나 쇼핑을 하고 떡볶이를 먹고 해산하는 전 과정을 매우 자기 주도적으로 해냅니다. 그 영역이 오직 공부이길 기대하는 건 부모의 바람일 뿐이지요. 아이들은 타고난 성향에 따라 제각각의 주도성을 보이게 됩니다. 대표적 특성으로는 '실천력'과 '수행능력' 등을 들 수 있습니다

2. 자기 조절력

자기 개념이 행동으로 드러나게 실행에 옮기고 자신의 행동을 수정하거나 외부를 변화시켜 자기 개념과 개인적 목표에 도달할 수 있도록 심적·행동적 과정을 조절하는 힘

하고 싶은 것만 하려고 했고, 하기 싫은 건 어떻게든 안 하려고 했던 시기가 사춘기 이전이었다면 사춘기 내내 '스스로 조절해야만 유리해지는 상황'을 마주하게 됩니다. 사춘기 이전의 시기에는 타고난 본성에 충실했다면 사춘기는 여러 경험을 통해 이성적 사고를 경험하고, 그것들을 점점 더 내재화합니다.

예를 들면 이런 거예요. 초등학생 딸은 스마트폰 세상에서 노는 게 너무 좋아요. 영상도 보고 친구들과 메시지도 주고받을 수 있으니 더할 나위 없이 완벽한 도구라 여길 거예요. 이 시기에는 스마트폰을 손에 쥐는 것과 동시에 엄마의 눈치를 봅니다. 지금 내가 마음대로 스마트폰을 사용해도 될지, 말지를 엄마에게 허락받아내거나, 엄마의 눈을 피해 몰래 하는 것이 목표이기 때문이에요. 사춘기의 딸들도 스마트폰에 할애하는 시간이 절대적이기 때문에

내 몸과 하나처럼 생각하고 있어요. 역시나 당연한 모습이에요.

하지만 이 시기에는 스마트폰 사용에 관해 엄마를 의식하지 않아요. 엄마가 하란다고 하고, 하지 말란다고 안 하는 시기가 아니거든요. SNS를 하고 웹툰과 영상을 보고 싶지만, 먼저 하기로 했던 공부나 숙제를 먼저 할지 뒤에 할지를 스스로 조절하여 결정하는 시기에요. 하고 싶은 일들로 시간을 보낸 뒤에 후폭풍을 다양하게 경험해본 아이는 그 경험에 근거하여 시간을 조절해 행동하고 선택하면서 점점 더 멋진 모습으로 성장하게 됩니다. 대표적 특성으로는 '계획력'과 '시간관리력'이 이에 속합니다.

> ### 3. 자기 효능감
> 특정한 상황에서 자신이 적절한 행동을 함으로써
> 문제를 해결할 수 있다고 믿는 신념 또는 기대감

아이 스스로 자신을 '쓸모 있는 사람'이라고 느끼고 믿는 감정을 자기 효능감이라고 해요. 초등학생 때 이 감정을 충분히 느낄 수 없었던 이유는 혼자 시작하고 마무리할 수 있는 일의 경험이 많지 않았기 때문이에요. 많은 상황에서 어른의 도움이 필요했기 때문에 아이 스스로 자신을 쓸모 있는 사람, 유용한 사람이라고 느낄 기회가 거의 없었죠.

사춘기는 자기 효능감을 키워갈 절호의 기회랍니다. 이 제 어른에게 의존하기보다 자신의 선택과 판단으로 움직 입니다. 어른에게 배우지만 성적, 숙제에 관한 책임은 본 인이 져야 합니다. 시작부터 마무리까지 오롯이 책임져야 하는 일이 늘어나고, 함께하기보다 혼자서 고민하며 방법 을 찾아가는 일이 부쩍 늘어나요. 힘들겠죠. 머리도 아플 거예요. 하지만 이 과정을 오롯이 스스로의 힘으로 해본 아이들은 결국 자신을 매우 '쓸모 있는 사람'으로 규정하기 에 이른답니다. 유사한 특성으로는 '자기 긍정감', '자존감' 이 있습니다.

> **4. 회복탄력성**
> 크고 작은 다양한 역경과 시련과 실패에 대한
> 인식을 도약의 발판으로 삼아 더 높이 뛰어 오르는
> 마음의 근력

회복탄력성을 위한 필수 요소는 '실패'와 '시련'입니다. 초등 시기에 회복탄력성을 기르기 어려웠던 이유는 자기 효능감과 마찬가지로 부모와 교사의 도움으로 아이가 피부로 느낄 만한 시련과 실패를 경험한 적이 없기 때문이에요.

성공의 반대말은 실패가 아니라 경험이라는 말이 있습니다. 아이는 지금 연거푸 실패하는 시련을 겪는 중이 아니라, 계속되는 경험을 쌓으며 완성으로 가는 과정이라고 바라봐야 합니다. 이러한 경험을 통해 단단해진 아이는 지금의 경험을 도약의 발판으로 삼아 더 높이 뛰어오르는 회복탄력성을 장착할 거예요. 그렇게 멋진 성인이 될 준비를 마칠 거랍니다.

4장

사춘기 딸과의 대화를 위한 10가지 원칙

사춘기 이전의 대화는 부모가 어린 자녀를 돕고자 하는 마음으로 아이가 이해할 수 있도록 아이의 눈높이에서 설명하고, 언어 습득을 도우며 올바른 방향을 안내하기 위함이 대화의 가장 큰 목적이었어요.

　아이 역시 궁금한 것을 묻고, 혼자 할 수 없는 것에 관한 도움을 요청하며 다양한 상황에서 해답을 찾아가는 과정이었죠. 많은 부분을 부모에게 의존하고 있기 때문에 의존적 대화가 지배적이었고, 정서적으로 안정기에 머물렀던만큼 유쾌하고 즐거웠던 대화였습니다. 일상에서 물 흐르

듯이 모나지 않게 흘러왔던 대화는 격려자의 위치에서 자녀와의 관계를 단단히 하는 시간을 보냈습니다.

하지만 아이의 사춘기 대화는 이전과 달라진 목적을 기억해야만 대화의 질을 높일 수 있습니다. '아이 스스로 자신을 돌아보도록 유도해야 한다는 것'을요. '알려주고, 알아내기 위한 대화'가 지금부터는 '일깨워주기 위한 대화'로 달라져야 해요. 새로운 목적을 아는 것만으로도 이미 성공 확률이 제법 높아진답니다.

사춘기 딸에게 무엇을 알려주려 하거나, 무언가를 알아내려고 했을 때의 결과를 우린 너무나도 잘 알고 있어요. 아무리 좋은 의도로 시작한 대화라고 해도 결국 불편한 정적이 되어 돌아온다는 것을요. 그래서 이제부터는 달라져야 해요.

사춘기 딸을 존중하고 대화의 목적성이 변했다는 걸 기억해야 하지만, 무조건적 수용의 태도로 아이에게만 맞출 필요는 없습니다. 아이를 사랑한다는 이유로 마냥 받아주는 것이 사춘기 부모의 미덕이 아니며, 완벽히 통제했다고 해서 성공한 부모가 될 수 없습니다.

부모와 아이 사이에 새로운 원칙과 기준이 필요한 시기

일 뿐입니다. 사춘기 아이가 어디로 튈지 모른다는 불안감에 싸우기를 외면하고, 힘들고 귀찮은 감정 소모에 지쳐 언젠가는 끝날 날을 기대하며 참고 기다리셨을 거예요. 하지만 아이를 하나의 인격체로 존중하며 감정을 이해해주는 것과 잘못된 행동을 잡아주고 안전한 울타리를 만들어 주는 건 다른 이야기랍니다. 여전히 관심의 끈을 놓지 말고 아이의 말과 행동을 들여다봐 주세요. 목적이 달라졌으니 방법도 달라져야 합니다.

사춘기 딸과 대화할 때 기억해야 할 원칙 10가지를 알려드릴게요. 생각보다 별거 아니란 생각이 들 수 있지만 가장 기본이 되는 대화의 뿌리입니다. 순간순간 딸과의 대화에 어려움이 들 때 이 원칙을 바탕에 두고 접근하면 큰 도움이 됩니다.

하루에도 열두 번씩 감정 변화를 보이는 아이에게 다정하게 대하는 게 얼마나 힘든 일인지, 나의 손길을 불편해하는 딸을 쓰다듬는 게 얼마나 어색한지, 이 핑계 저 핑계로 빠져나갈 궁리를 하고 자신의 말이 옳다고 우기는 아이에게 단호하게 말하는 게 얼마나 두근거리는 일인지 몰라요. 처음에는 어렵습니다. 하지만, 처음만 어렵습니다. 원칙을 늘 상기하고 지속해보세요. 사춘기 이전의 대화는 되도록 친절하고 자세하면서도 활발한 상호 작용을 기본으로 했지만, 사춘기에 접어든 딸과의 대화는 다음과 같은 원칙을 기억해야 합니다.

원칙 1. 간결하게

구체적이고 장황한 설명은 참기 힘들고, 들리지 않습니다. 핵심만 간단하게 한두 마디 정도로 전달해주세요. 괜히 장황하게 설명해봤자 딸에게 좋은 반응을 기대하기는 힘듭니다. '1절만 하자'라고 다짐하세요.

원칙 2. 결론부터

결론을 말하고 나서 이유를 덧붙이는 방식이 오히려 딸의 참을성을 키웁니다. 사춘기 딸에게는 이전의 구체적 대화 방식은 잔소리로 분류되거나 어린아이로 취급한다는 인상을 줄 수 있어요. 대화하는 부모를 보며 사춘기 딸의 머릿속에는 질문이 떠나지 않습니다. '그래서 결론이 뭐지?'

원칙 3. 질문 금지

사춘기 대화의 주도권은 딸에게 있습니다. 딸이 먼저 꺼내는 대화의 소재, 먼저 물어오는 궁금증에 관해 대화하거나 답을 하는 것을 원칙으로 하세요. 대화 중에 자연스럽게 관련된 질문을 하게 되는 것 정도는 괜찮지만, 답하지 않을 가능성도 높습니다. 상처받지 마세요.

원칙 4. 단호하게

반드시 지켰으면 하는 원칙에 관해 말해야 할 때는 단호한 눈빛과 말투가 효과적입니다. 큰 소리로 화를 내는 건 역효과를 불러옵니다. 사춘기 딸은 부모가 더는 완벽하지 않다는 걸 이미 눈치챘거든요. 부모의 말에 허점을 찾아 언제든 반박할 준비가 돼 있어요. 큰 소리에는 잠재되어 있던 반항심에 불을 지필 가능성이 큽니다. 그래서 딸에게 메시지를 전달하려면 낮고 작은 목소리와 흔들리지 않는 눈빛이 필요합니다.

원칙 5. 다정하게

단호해야 하는 몇 장면을 제외하고는 대부분의 시간에

다정한 태도를 유지하세요. 딸은 언제든 내 말에 귀 기울여 줄 대상이 필요합니다. 내 말을 믿어줄 거라는 믿음, 내 마음을 이해해줄 거라는 생각에 확신이 섰을 때 마음을 보여준다는 걸 기억하세요.

원칙 6. 토닥이기

사춘기라고 어려워하지 마세요. 딸은 여전히 부모의 스킨십을 환영합니다. 손을 잡고 걷는다거나, 볼에 뽀뽀하는 건 거부하지만, 어깨를 토닥여주고 칭찬과 함께 머리를 쓰다듬어주는 것처럼 지쳤을 때 안길 수 있는 부모의 품이 필요합니다. 부모에게 독립하고 싶지만, 부모의 사랑 안에서 안정을 찾는 딸의 마음을 이해해주세요.

원칙 7. 단단하게

달콤한 사탕 같던 딸의 달라진 모습에 왜 서운한 게 없을까요. 그래도 상처받지 마세요. 삐지지 마세요. 뒤끝 남기지 마세요. 딸은 예전처럼 엄마의 감정을 일일이 살펴줄 여유가 없습니다. 복잡한 부모의 심경을 이해하기에 딸은 지금 좀 바쁩니다. 자기감정이 중요하고 친구와의 관계에

더 집중하느라 정신없고, 나는 누구인가란 질문에 푹 빠져
지내는 중입니다.

원칙 8. 결정은 네가

결정권은 딸에게 있습니다. 부모의 의견대로 따르지도
않을 뿐더러 그럴 이유도 없습니다. 스스로 선택하고 결정
한 것에 따른 책임을 배워가는 시기입니다. 여러 선택지가
있음을 일깨워주되 결정은 본인이 해야 한다는 사실을 딸
에게 알려줘야 합니다. 시행착오를 통해 딸이 성장할 수
있다는 믿음으로 아이의 의견에 동의하고 지지해주세요.

원칙 9. 공감하기

공감이 먼저입니다. 아무리 탐탁지 않은 소리를 늘어놓
아도 일단은 공감해주세요. "아, 그래?", "오, 진짜?" 정도의
짧은 맞장구면 충분합니다. 공감의 맞장구를 들은 딸은 좀
더 쉽게 마음을 열어 보입니다. 물론 더 이야기할지, 말지
를 결정하는 것은 딸의 마음에 달려있습니다.

원칙 10. 노크하기

딸의 방문은 거의 닫혀 있을 겁니다. 집중해서 공부하고 있을 수도, 휴식을 취할 수도 있습니다. 딸에게 궁금한 것, 확인해야 할 것, 간식을 전할 때도 노크가 먼저입니다. 형식적인 노크지만 하지 않는 것보다 백 배는 낫습니다. 딸에게 '엄마와 아빠는 너를 존중한단다'라는 느낌을 전해주세요.

2부

사춘기 딸과 감정 상하지 않고
대화하는 38가지 방법

아기처럼 품에 안겼다가도 갑자기 남처럼 멀어지는
아이를 보면 가슴이 쓰리겠지만 지금은 적당한 거리를
두고 딸을 놓아주는 연습을 해야 하는 시기입니다.
아이가 나빠서도 아니고 내가 잘못해서도 아닌
정상적인 성장 시기랍니다. 지금은 관계의 핵심인
대화법을 익혀야 할 때입니다. 아이는 지금 아동기와
결별하는 과정을 걷고 있습니다. 어른스러워 보이고
싶다는 내면에 충실해져 있기 때문에 부모가 건네는
말이 때론 거슬리고, 상처가 되고, 걱정될 가능성이
높습니다. 사춘기라는 이름으로 말이지요.
우리는 아이와 대화를 통해 관계를 개선하고자 하는
사람들입니다. 변화될 성장 과정을 있는 그대로
받아들이고 아이를 위해 부모가 할 수 있는 것에
집중해보세요. 아이와 부모는 분리된 독립의 존재라는
점을 잊지 않는다면 아이와의 동행이 힘들지 않고
발맞춰 걷는 걸음이 즐거운 순간이 될 수 있으리라
믿어봅니다. 멋지고 아름답게 자라줄 성인이 될
아이의 모습을 상상하면서요.

10대 소녀가 전하는 메시지,

"제가 기분이 좋지 않을 때는 조금만 기다려주세요.
아무리 좋은 말과 애정이 담긴 눈빛도 이 순간에는
모두 그 힘을 잃게 돼요.
저도 부모님의 말에 귀 기울일 줄 알고 재미난 대화를
나눌 때는 신나고 행복감을 느껴요. 매일 그랬으면
좋겠다는 생각도 하고요.
하지만 제 감정이 마음대로 안 될 때는 저도
모르게 못난 말들이 쏟아져나와요. 뱉어내고 나면
후회되고 죄송한 말투성이라 더 부모님께 다가가기
어려워 일부러 화를 내게 돼요. 그러니 조금만, 단
10분만이라도 기다려주세요. 좀 더 나은 모습을
보여드릴 수 있게 조금만 믿고 기다려주세요."

• 1장 •

공부 습관

지금은 아이가 자신에게 맞는 공부 방법을 찾아가는 시간이에요.

알아서 한다는 말에 불안함이 밀려오겠지만 '공부 감정'에 긍정의

씨앗이 뿌리내리길 기다려주세요. 기분이 좋고 자신의 의지로

행동해야 영속성으로 이어질 수 있습니다.

다양하게 시행착오를 겪어본 횟수가 많을수록 적중률이

높아진다는 걸 기억하고, 믿는 마음으로 아이의 마음에 똑똑

노크해보세요.

"내가 알아서 할게"

공부 계획을 세울 때 간섭받기 싫은 딸

> ✔️ **이 대화를 통해 아이가 갖게 될 힘**
> 자기 주도성

 부모의 속마음

'혼자서 해보겠다는 말만 믿고 있다가 하나도 모르겠다는 얘길 들으니 황당하기 짝이 없다. 학원이라도 안 가면 아무것도 안 할 것 같아서 겨우 꼬셔서 학원을 보내기는 하는데 정말 딱 학원만 다니는 아이. 학원 숙제만 하고 나면 바로 스마트폰의 세계로 빠져버려 내 얘기도 안 들리는 것 같다. 충분히 학습량을 늘리면 해낼 수 있을 것 같은데 움직이질 않으니 답답하다. 늦도록 학원 다니느라 피곤하고 힘든 건 이해하지만 남들 다하는 학원 숙제 끝낸 게 뭐 그리 대수라고 이렇게까지 당당하게 구는지. 이런 식으로 하면서 목표만 높은 아이. 하루에도 열두 번 잔소리가 목까지 차오른다.'

딸의 속마음

'이제 내가 알아서 잘할 수 있는데, 엄마, 아빠는 왜 자꾸 간섭하고 지적하는 건지 모르겠다. 맨날 자기들 마음대로만 하려고 하는데, 나는 그렇게 하고 싶지 않다는 게 중요하다. 엄마, 아빠의 방법이 언제나 옳은 것도 아닌데 무조건 그렇게 하는 게 맞는다고 하니 하고 싶었던 마음도 싹 사라지려고 한다. 내 공부니까 내가 알아서 해야 한다고 해놓고 갑자기 또 시키는 대로 하라고 말을 바꿔버리니 도대체 알아서 하라는 건지 말라는 건지 헷갈리고 짜증 날 때가 많다.'

딸 : "내가 알아서 할게."

NO 이 말은 참으세요

"매번 알아서 한다고 그래 놓고 안 하고 넘어간 게 지금 벌써 몇 번째인지 알기나 하니? 도대체 네 말을 믿을 수가 없잖아. 다른 애들은 학원 숙제도 척척 알아서 하고 문제집까지 더 사다가 따로 푼다는데. 잔소리 안 하면 할 생각도 안 하면서 맨날 이렇게 큰소리만 칠 거야?"

YES 이렇게 말해보세요

"역시 우리 딸! 혼자 하는 게 생각보다 쉽지 않은데 알아서 한다고 얘길 해주니 너무 든든하다. 괜찮으면 이번 주 계획 세운 거 한 번 보여줄 수 있어? 엄마가 해보니까 무리한 계획은 그 자체로 스트레스가 되더라. 네가 편하고 여유롭게 계획을 세웠기를 바라는 마음이 크다 보니 궁금하고 그러네. 공부하다가 도움이 필요하면 언제든지 얘기해주고. 파이팅이야!"

지금 딸에게 필요한 건?

의욕 넘치는 부모와는 달리 사춘기의 무기력과 예민함을 장착한 아이는 공부 계획에 관한 대화를 나눌 때 흔히 하는 단골 멘트입니다. 유익하고 쓸만한 정보를 찾아 꺼내봐도 아이는 내 얘기를 듣는 둥 마는 둥 반응이 신통치가 않지요.

아이는 부모의 말에서 '공부'라는 단어가 섞여 나오면 그 즉시 잔소리로 인식해 들으려고도 하지 않습니다. 무엇이 중요하고 무엇이 아이에게 득이 되는지에 대한 자료는 넘쳐나지만, 결국 아이 손에는 닿지 않아 속상하기만 합니다. 그래도 분명한 사실 하나. 아이는 자기 힘으로 잘해보고 싶고 부모보다 훨씬 더 걱정과 고민을 하고 있다는 것이에요. 그러니 그 지점에서부터 다시 접근해봅시다.

부모 입장에서 참다 참다 뱉어내는 말이겠지만 아이에게 대화를 시도할 때 지나간 이야기는 하지 않는 게 좋아요. 어차피 아이들은 조금 전의 일도 새까맣게 잊어버리거든요. 아이에게는 오늘, 지금, 미래에 대한 얘기만 전해주세요. 지난 일의 이야기는 잔소리로밖에 인식되지 않으니까요. 물론 '다른 애들'이라는 단어는 아이와 나 사이를 나쁘게 할 목적이 아니라면 오늘부터 금지어입니다. 우리 아이는 '다른 부모'와 우리를 비교하지 않습니다.

사춘기에 접어든 아이는 본인 스스로 꽤 자랐다고 느끼기에 아기 취급을 받던 때와 철저히 선을 긋고 싶어해요. 어깨에 힘이 꽤 들어가 있기도 하고요. 이전과 같은 방식의 감시하고 점검하려는 태도는 이제 통하지 않습니다. 아이가 스스로 해나가게 될 공부와 일상을 기대하고 격려하는 든든하고 따뜻한 어른이 되어주세요.

알아서 한다는 말에 불안함이 밀려오겠지만 아이에게 '보여달라'고 관심을 표현하고, 흔들리는 내 마음을 다독여보세요. 딸은 안 보여주겠다고 할 수도 있어요. 계획을 짜지 않고 그냥 공부하겠다고 버틸 수도 있습니다. 아직 제대로 된 경험이 없어서 그런 것이니 꾸준히 시도하며 기다리고 다독여 주세요. 아이도 스스로 공부를 계획하는 일이 처음이라 그렇습니다. 여러 번의 시행착오를 통해 아이는 혼자 힘으로 해내게 될 것입니다.

"공부하는데 스마트폰이 필요해"

디지털 기기로 학습을 방해받는 딸

✔ **이 대화를 통해 아이가 갖게 될 힘**

자기 조절력

 **부모의 속마음**

'겉으로 말은 그럴듯하게 하지만 스마트폰을 옆에 두고 공부를 한다는 게 말이 되나? 안 그래도 부족한 집중력에 휴대폰까지 더하면 공부를 아예 않겠다는 게 아닌지 의구심이 든다. 스마트폰이 아니어도 컴퓨터를 활용해 과제를

해도 될 텐데 시시때때로 울려대는 아이의 스마트폰 알람이 거슬리기만 한다. 수학이 아무리 암기 과목이 아니라 괜찮다고 해도, 결국 음악 소리에 집중력이 깨지고 음악 선곡을 하다 보면 저도 모르게 다른 영상을 볼 게 뻔한데 그냥 이 아이에게 믿고 맡겨도 되는 건지 스트레스가 이만저만이 아니다.'

 **딸의 속마음**

'솔직히 요즘 스마트폰을 활용해서 하는 공부가 얼마나 많은데 왜 그걸 이해 못 하지? 과제를 하는데 검색은 필수고 영어 단어 암기도 앱을 활용하면 얼마나 간단한데. 스마트폰만큼 편한 게 없는데 부모님은 내가 방에 휴대폰을 들고 들어가면 도끼눈을 뜬다. 내가 계속 휴대폰을 하는 것도 아닌데 나를 좀 믿어주면 안 되나? 솔직히 수학 문제 풀 때는 공부 잘 되는 음악을 틀어놓으면 난 훨씬 더 집중이 잘된단 말이야. 부모님이랑 우린 세대는 달라도 너무 다른데 자꾸 옛날얘기로 날 설득하려는 엄마, 아빠. 제발 좀 믿고 맡겨주세요!'

딸 : "공부하는데 스마트폰이 필요해."

NO 이 말은 참으세요

"공부하는데 스마트폰이 왜 필요해? 공부는 핑계고 카톡하고 유튜브 보려는 거 모를 줄 알아? 방에 가지고 들어가는 건 절대 안 돼!"

YES 이렇게 말해보세요

"공부할 때는 집중에 방해돼서 스마트폰이 곁에 없는 게 더 낫다고 생각했는데 도움이 되는 부분도 있구나? 그럼 필요한 시간에만 알람을 무음으로 바꾸고 사용한 뒤에는 바로 방 밖으로 내놓는 건 어떻겠니?"

**디지털 기기를 두고 힘겨루기가 시작됐다.
어떻게 해야 할까?**

- -

'포노사피엔스'라고 불리는 세대의 아이와 부모의 간극은 좀처럼 좁히기 힘든 만큼 스마트폰을 두고 빈번히

일어나는 실랑이 중 겪게 되는 대화
입니다.

아이의 사고에는 '어차피 나를
이해하지도 못하면서'라는 대전제와
함께 '어차피 잔소리할 게 뻔한데 시키는 대로 하고 말
까?'라는 생각이 공존합니다. 부모의 학창 시절에는 음
악을 듣기 위해서는 CD나 MP3를 작동했고, 영상은 텔
레비전 앞에 앉아야 볼 수 있었기에 공간의 이동으로
인하여 학습과 자극을 분리할 수 있었지만, 지금은 그
렇지 않아 답답하기만 합니다. 무턱대고 금지하자니 아
이 역시 일리 있는 논리를 가지고 말하고, 부모도 마음
한편에 스마트폰의 편의성과 문제성이라는 양면을 잘
알고 있어서 반대하기 어려워요. 그래도 학습과 스마트
기기 사이의 갈등은 끊임없이 아이와 조율하고 힘겨루
기를 해야 하는 게 맞습니다. 아이의 생각을 충분히 듣
는 것에서부터 주제에 맞게 대화를 하나씩 확장해 보면
어떨까요?

대화를 시도할 때 아이 말에 대한 비하 혹은 비난은
아무런 도움이 되지 못합니다. 아이 나름의 이유를 말

할 기회도 주지 않고 딸의 말은 다 거짓이라는 공격성 가득한 말을 하게 된다면 아이 역시 더는 말을 하지 않거나 거세게 반항할 가능성이 큽니다. 유아기에만 애착 형성이 중요한 것이 아니기에 아이의 말에 귀를 기울이고 아이가 스스로 선택할 방법을 모색하는 게 좋습니다.

사춘기 딸에게 부모의 말은 잔소리로 인식될 가능성이 큽니다. 전문가 혹은 기사를 인용한 정보성을 담고 있는 말에 귀 기울이는 특성을 활용해 아이와 대화의 물꼬를 터보세요. "무조건 안 돼!"가 아닌 아이가 최대한 원하는 방향으로 인정해주되 부모가 절대 양보할 수 없는 하나만 취한다는 생각으로요. 그 약속에 어긋났을 때 다시 부모가 원하는 하나를 더 취하는 방식으로 아이와 타협하세요. 딸을 상의할 수 있는 존재로 인정해주는 것, 그것이 딸과의 대화를 양질로 변화시켜 줄 겁니다.

"이제 막 시작하려고 했단 말이야."

하기로 했던 공부는 하지 않고 딴짓만 하다
오히려 화를 내는 딸

✔ **이 대화를 통해 아이가 갖게 될 힘**
자기 주도성, 계획력

 부모의 속마음

'항상 똑같이 "이제 막 시작하려고 했다"라고 어김없이
말한다. 참다 참다 언제 시작할 거냐고 좋게 물어본 것뿐
인데 아이는 이제 막 시작하려고 했다며 나에게 짜증을 쏟
아 낸다. 잔소리 때문에 아무것도 하기 싫어졌다고 모든

핑계를 나에게 대는 아이. 잘못했다고 어서 시작하겠다고 얘기해도 시원찮을 판에 오히려 화를 내는 아이를 보면 어디서부터 잘못 가르친 건지 속이 터진다. 저렇게 시간을 낭비해서 어떻게 원하는 목표를 이루겠다는 건지 정말 한숨밖에 안 나온다.'

 **딸의 속마음**

'엄마, 아빠는 내가 이제 좀 해볼까 하는 생각이 들 때마다 꼭 와서 "너 왜 이거 안 하느냐"고 잔소리한다. 정말 그럴 때마다 하고 싶었던 마음이 싹 사라진다. 제발 내가 뭘 하려고 할 때마다 시작하라는 말 좀 안 했으면 좋겠다. 나도 이제 다 컸는데 누가 시켜서 하고 말고 할 나이도 아닌데, 미덥지 않아 하는 눈빛으로 빨리하라고 다그치는 말을 들으면 내가 스스로 아무것도 하지 못하는 사람이 된것 같아 한심하다고 느껴진다. 왜 부모님은 내가 스스로 하도록 시간을 주지 않는 걸까? 그러면서 또 제대로 못 한다고 혼내겠지.'

딸 : "이제 막 시작하려고 했단 말이야."

NO 이 말은 참으세요

"맨날 똑같은 소리. 항상 이제 막 시작하려고 했다는 게 말이 돼? 이제껏 할 생각이 없었으니까 그대론 거지. 결국 오늘도 핑계 대는 거잖아. 실컷 다른 거 하다가 갑자기 시작하려고 했다는 말을 누가 믿어? 차라리 그냥 놀 거라고 얘기해. 맨날 거짓말하는 것도 아니고 놀면서 공부한다는 핑계는 왜 대는 거야? 차라리 아무것도 하지 말고 그냥 속 편하게 놀아!"

YES 이렇게 말해보세요

"아, 그랬구나. 근데 지금 시간이 꽤 많이 지나서 밥 먹을 시간이 다 됐는데 어쩌지? 시간이 계획한 것보다 빨리 가는 거 같아 속상하겠다. 엄마도 막상 일을 시작하려고 하면 책상이 엉망이라 바로 해야 할 일을 못 하고 정리만 실컷 했던 기억이 많아. 그래서 미리 정리하는 시간을 정해놓는 게 편하던데, 너는 어떤 것 같아?"

똑같은 패턴으로 자꾸만 부딪히는 아이와 나, 어떻게 해결해야 할까?

공부는 하지 않고 딴짓만 하다 오히려 화를 내는 아이로 인해 감정이 상한 경험은 아이를 키워보신 분이라면 누구나 경험했을 만큼 발생 빈도가 잦은 일상입니다.

새로운 걸 하려고만 하면 준비하는 데 시간이 꽤 걸리죠. 의도치 않게 방 청소에 책상 정리까지 하게 되니 시간이 무한정 흘러가는 건 당연한 일입니다. 문제는 직접 현장에 있는 아이가 느끼는 시간과 관찰자인 부모가 느끼는 시간의 갭이 너무 크다는 것이에요. 한참 딴짓에 정신없다 이제 뭔가를 하려고 할 때 부모의 인내심은 바닥이 나서 아이 방에 등장하게 되니 타이밍이 좋을 수가 없지요. 부모도 마찬가집니다. 이번에는 아이의 말을 좀 믿어봐야겠다는 좋은 의도로 열심히 하라고 격려하고 나왔는데 분명히 공부하겠다고 들어간 녀석의 방에서 음악 소리와 쿠당 하는 소리가 멈추질 않습니다. '그럼 그렇지' 하는 생각에 미소는 사라지고 도끼눈으로 소리 지르게 되는 부모. 인제 그만 이 지겨운 굴레를 벗어나고 싶다면 우리는 어떻게 하면 좋을까요?

아이가 이제 막 시작하려고 했다고 말할 때는 정말 그러려고 했을 가능성이 큽니다. 무언가 시작하려고 책상에 앉거나 방에 들어갔을 때 어질러져 있는 환경을 마주하면 정리부터 하는 건 아이나 어른이나 마찬가지잖아요.

아이 역시 숙제해야 하고, 공부해야 한다는 걸 잘 알아요. 문제는 그 행위까지 몰입하는 데 시간이 꽤 걸린다는 것이죠. 평상시 아이가 샤워하고, 놀이하고 영상을 보고 책을 읽는 등의 다양한 활동을 할 때 어디까지 스스로 소요 시간을 가늠할 수 있는지 확인해보세요. 중학생 이상이 되어도 자신이 얼마 만큼의 시간을 소비하고 있는지 잘 모른다는 걸 금방 알게 될 겁니다.

'공부 감정'이라는 말이 있는 것처럼 감정적으로 기분이 좋고 자신의 의지로 행동해야 연속성으로 이어질 수 있어요. 타인의 개입과 지시로 한다는 느낌이 들면 사춘기 아이는 절로 반항심이 생겨 거부 반응을 보이지요. 이 역시 경험이 쌓여야 시간을 통제하게 됩니다.

가장 먼저 아이가 학습하기 전 주변 환경을 미리 정리해놓는 연습을 시켜줄 필요가 있어요. 가능하다면 정리 정돈을 자유 시간에 아이 스스로 해보거나, 아이가 학교에 갔을 시간에 티가 나지 않을 정도로만 치워주는 것도 좋습니다. 주변 환경을 정리하면 '샛길'로 빠질 가능성이 줄어듭니다. 원인을 제거해 목적지로 제대로 향할 수 있게 도와주세요. 이제 탁상시계와 스톱워치를 활용해 스스로 시간을 인식해보는 경험을 하게 도와주세요. 얼마의 시간이 흘렀기에 부모가 개입하는지, 왜 자꾸 시간이 부족하다고 느끼게 되는지 스스로 확인하고 개선 방향을 찾게 해주세요. 아이의 건강한 습관은 부모와의 감정적 소모를 줄이는 지름길이 될 것입니다.

"이번 시험 나 망할 것 같아"

시간이 부족하다는 핑계를 대며 쉽게 포기하는 딸

> ✔️ **이 대화를 통해 아이가 갖게 될 힘**
> 시간관리력, 자기긍정감

 부모의 속마음

'시험공부에 과제까지 챙기느라 바쁜 아이를 보면 마음이 편치 않다. 하지만 내가 딱히 도와줄 방법이 없다. 학원을 그만두는 게 어떻겠냐고 물어보면, 그만둬서 어떻게 공부를 따라가냐고 큰소리치고, 그럼 이왕 다니는 거 자투리 시간을 잘 활용해보라고 하면 본인은 자투리 시간조차 없다고 말한다. 남들 다 다니는 학교에, 남들 다 하는 학원 숙제를 왜 우리 아이만 유독 저렇게 힘들어 할까? 제대로 노력해보고 저렇게 말하면 믿지나 않지. 아이를 지켜보면 쓸데없이 흘려보내는 시간이 분명 있는데, 시간 관리할 생각은 안 하고 매사 부정적으로만 생각하니 답답하다. 웹툰 볼 시간, 덕질 시간만 줄여도 훨씬 여유롭지 않을까? 뭐든지 "안 된다", "망했다" 얘기하는 아이를 보면 화부터 올라온다.'

 **딸의 속마음**

'온종일 학교와 학원 다니느라 시간도 없는데 집에 와도 쉴 틈이 없다. 학원 숙제하고 돌아서면 엄마, 아빠는 어서 자라고 재촉하는데 학교 수행과제, 수행평가 준비 때문에 밤늦게까지 자고 싶어도 잘 수가 없다. 내가 숙제하는 기계도 아니고. 엄마, 아빠는 자꾸 나더러 딴짓하느라 시간이 없다고 하지만 난 정말 최선을 다해서 내 할 일을 하는 것뿐이다. 아침에 눈 뜨면 학교 갈 생각에 한숨부터 나온

다. 시험이 코앞인데 아직 한 과목도 제대로 못 봤는데 난 이걸 다 해낼 자신도 시간도 없다. 난 완전히 망했다.'

딸: "이번 시험 나 망할 것 같아."

NO 이 말은 참으세요

"너는 무슨 망할 것 같다는 얘기를 그렇게 쉽게 하니. 남들도 다 똑같이 시험 치는데 너만 매번 왜 그렇게 약한 소리를 해. 진작에 미리미리 공부했으면 이런 일이 없잖아. 계속 휴대폰만 들여다보니까 이렇게 되지. 정말 답답하다 답답해."

YES 이렇게 말해보세요

"요즘 시험 기간인데 학원에도 가야 하고 할 일까지 많아서 스트레스가 컸지? 엄마가 너였다면 이렇게 다 해내지 못했을 거야. 열심히 하다 보면 이것저것 꼬이고 방법이 더 헷갈릴 때가 있던데. 바쁠수록 돌아가라고 하잖아.

우리 딸, 잠시 쉬면서 차분히 그동안 공부한 것부터 정리해 보는 것도 좋은 방법 같은데. 네 생각은 어때?"

시간 관리에 막막한 아이, 어떻게 도와줘야 할까?

시간이 부족하다는 핑계를 대며 쉽게 포기하는 모습을 우리는 어김없이 마주합니다. 처음 아이 입에서 "망했다"라는 말을 들을 때는 당황스럽지만 생각보다 사춘기 시절을 보내는 아이들이 입버릇처럼 하는 말 중 하나예요. 아직 어린 녀석이 숙제와 시험공부 때문에 망했다는 표현을 사용하다니 폭탄 잔소리하기 쉬운 상황인 거 너무나도 잘 압니다. 하지만 좌절한 듯 보이는 아이지만 우리가 생각하는 것과 같은 의미의 '망했다'란 뜻은 아니니 너무 걱정하지 마세요.

사춘기 아이들은 뭐가 되었든 '내 마음'이 중요해요. 자율성에 대한 욕구가 급격히 증가하는 시기라 방법을 몰라 헤매면서도 아이 스스로, 자기 마음대로 해보고 싶은 마음이 크기에 도움을 요청하는 걸 좋아하지 않습니다. 엄마, 아빠에게 "못하겠다", "모르겠다"라고 말하는 것 자체가 자존심 상하는 일이라 "망했다"는 표현을 사용한 것뿐이에요.

'도움이 필요해', '나 지금 잘하고 있다고 얘기해줘'라는 말이라 생각하고 아이가 노력하고 있는 점을 인정해주세요. 인정하고 접근하는 것과 한심하다는 듯 접근하는 건 차원이 다른 문제입니다.

사춘기 아이들은 아직 어떻게 시간 관리를 해야 하는지 알지 못해요. 자기가 어떤 식으로 공부하는 게 좋은지 무지한 경우가 대부분이기에 지금 이 시기를 잘 활용해야 합니다. 고등학교에 입학하기 전에 실컷 시행착오를 거쳐 자기만의 노하우를 쌓아가는 게 무엇보다 중요하니까요. 지금 내 아이가 스스로 시간 관리에 대해 신경을 쓰고 잘하고 싶은 의지를 키우고 있다면 걱정은 접어두고 두 팔 벌려 환영해야 할 때입니다.

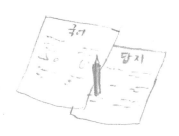

05

"나는 공부 머리가 없나 봐"

열심히 하지만 방법을 몰라 막막해하는 딸

✔ **이 대화를 통해 아이가 갖게 될 힘**

자기 효능감, 자존감

 부모의 속마음

'아이는 늘 불만이 많다. 제대로 공부해 보지도 않고 자신은 머리가 나쁘다느니, 잘하는 게 하나도 없다는 얘기를 입에 달고 산다. 열심히 해보고 저렇게 말하면 답답하지나 않지. 잘하는 과목이 하나도 없다는 얘기에 도움이 될 만한 이야기를 해주고 싶어도 잔소리라고 외면할까 봐 괜찮다고 위로하는 방법밖에 없다. 차라리 모르겠다고 공부 요령을 물어오면 좋을 텐데 제대로 배울 의지도 없고 공부하는 방법을 모르는 것 같아 한숨만 나온다.'

 **딸의 속마음**

'나는 머리가 나쁜 걸까? 열심히 한다고 하는데 잘하는 과목이 하나도 없다. 학원에 다녀도 매번 이러면 굳이 매일 시간을 내서 학원에 갈 필요가 있을까? 어차피 해도 안 되는데 공부가 아닌 다른 길을 찾는 게 더 빠를 것 같다. 이런 내가 나도 너무 한심한데 엄마, 아빠는 괜찮다고만 하니 전혀 위로되지 않는다. 나도 모두에게 인정받고 싶다. 자신감은 자꾸만 떨어지고. 나는 공부를 포기해야 할 것 같다.'

딸 : "나는 공부 머리가 없나 봐."

NO 이 말은 참으세요

"너는 애가 허구한 날 그렇게 못한다는 소리만 해. 잘하는 게 없는 것 같으면 더 노력하면 되지. 노력 없이 매번 좋은 성적에, 좋은 결과만 바라니 그게 도둑놈 심보가 아니고 뭐니?"

YES 이렇게 말해보세요

"우리 딸이 그런 생각을 하고 있었구나? 엄마가 보기에는 잘하는 과목도 소질 있는 분야도 많은 것 같은데. 공부가 어렵거나 성적이 마음처럼 안 나오면 누구나 위축될 수 있어. 공부도 하기 싫어지고 말이야. 이럴 때는 내게 잘 맞는 공부법을 찾아보는 것도 좋은 방법이 될 거야. 책이나 학원의 도움을 받아도 좋고 말이야. 엄마 도움이 필요하면 언제든 얘기해줘."

공부에 자신감을 잃은 아이, 어떻게 해야 할까?

사춘기에는 별거 아닌 것에 큰 의미를 두거나 아이 스스로 자신을 비하하는 말을 자주 하게 됩니다. 진심으로 하는 말인지 그냥 위로받고 싶어 하는 말인지 헷갈리는 아이의 표현은 부모에게 꽤 머리 아픈 주제지요. 학원에 보내 공부 자신감을 높이는 것도 좋은 방법 같은데 학원은 더 가지 않겠다고 하고, 인터넷 강의 같은 학습 방법을 추가해줘도 매일 해야 할 분량을 채우기는커녕 아예 기기조차 켜지 않고 빠뜨리는 건 일상화된 지 오래입니다. 매일 아이가 잘한 일을 칭찬해주며 이끌고 나가줘야 하는 게 맞는 건지, 더 잘할 수 있는 방법론적인 접근으로 다가가면 좋을지 정답이 보이지 않아 답답했다면, 아이를 관찰하는 시간을 통해 딸의 욕구가 무엇인지 파악해보는 것부터 시작해보세요.

사춘기 아이들은 타인의 시선과 평가를 중요하게 생각합니다. 학교에서 단체생활을 하면 아이들 사이에서도 누구는 수학을 잘하고 누구는 영어를 잘한다는 결괏값에 따라 눈에 보이지 않는 서열을 정하기도 하죠. 그런 경험이 반복되면서 아이 스스로 공부 머리도 없고,

'다 못하는 사람'이라는 낙인을 새기게 돼요. 한 번 자기가 무엇을 얼마나 잘하는지 모르면 자신감은 물론 그 자체가 싫어지는 순간을 경험하게 됩니다.

이럴 때일수록 무턱대고 아이의 말에 공감만 해주거나, 괜찮다고 위로한다면 '아무것도 모르는 부모'라는 인식을 받을 수 있어요. 왜 아이 입에서 이 말이 나오게 되었는지 원인을 파악하는 게 먼저입니다. 잘못 끼워진 단추는 처음으로 돌아가 다시 차근차근 채워야만 제 모습을 찾을 수 있으니까요. "공부 머리가 없어"라는 얘기는 "나는 공부를 잘하고 싶다"라는 아이의 마음이 그대로 투영된 말입니다. 잘 해내고 싶다는 동기는 생각보다 단순해요.

전에 아이가 풀기 어려워했던 문제를 단번에 풀어낸 그 경험 하나로 아이는 다시 할 수 있다는 자신감이라는 추진력을 얻게 됩니다. 아이가 그동안 했던 시행착오들을 가지 치듯 잘라내고 최선의 방법을 하나씩 적용하며 잃어버렸던 자신감을 채워주는 일, 거기서부터 다시 시작해 보세요.

잘하고 싶고 열심히 하는 사람에게 슬럼프는 언제든

찾아오기 마련입니다. 아이의 삶에 있어 고입·대입까지 수없이 마주하게 될 이 감정이 긍정적으로 작용할 수 있도록, 누구나 경험할 수 있는 자연스러운 감정이며 곧 지나갈 거라고 따뜻하게 알려주길 당부드립니다.

"모둠 점수가 똑같아서
억울해. 나도 이제 안 할래"

모둠 과제, 모둠 점수에 억울함과 불만이 많은 딸

✔️ **이 대화를 통해 아이가 갖게 될 힘**
공감 능력, 자기 효능감

 부모의 속마음

'나도 아이가 얼마나 억울하고 속상한지 잘 안다. 아이들이 어쩜 저렇게 영악한지 혼쭐을 내주고 싶은 마음이 절로 든다. 살면서 이런 사람들을 숱하게 봐왔기에 앞으로 아이 인생에 이런 일이 또 일어나지 말라는 보장이 없기 때문에 이번만 힘내라는 말도 할 수 없다. 그렇게 억울하면 너도 하지 말라는 말이 목구멍까지 올라오지만 차마 할 수 없어 같이 한숨 쉬는 것밖에 해줄 수 없다. 선생님이 개입해주면 좋을 텐데 그건 또 싫단다. 이제 제법 컸다고 혼자 해결해보겠다고 끙끙 앓는 게 짠하기 그지없다. 이 아이 마음을 어떻게 보듬어줘야 할까? 답지 없는 문제지에 머리가 지끈거린다.'

딸의 속마음

'역시 이번에도 마찬가지다. 노는 애들은 항상 놀고 하는 사람만 하는 모둠 활동을 또 해야 한다. 함께 협력해 팀워크를 키우기 위한 취지로 하는 게 모둠 활동인데 몇몇 애들은 처음부터 무임승차 할 생각에 과제에는 관심도 없다. 같이 모여 과제를 준비하자고 하면 바쁘다는 핑계로 나오지도 않고, 최소한의 성의라도 보여주면 이렇게 화가 나진 않을 거다. 나 혼자 한 것 같은데 점수는 결국 다 똑같다. 나도 그냥 엉망이 되든 말든 놀아버리고 싶은 생각이 열두 번도 넘게 들지만 난 성적을 잘 받고 싶다. 이래서 매번 나 혼자 해야 하는 건가. 끝나지 않는 숙제, 수행평가의 늪. 이런 식의 불공평하고 억울한 상황에 진짜 기운 빠진다.'

> 딸 : "모둠 점수가 똑같아서 억울해.
> 나도 이제 안 할래"

NO 이 말은 참으세요

"그래, 매번 그렇게 억울해 할거면 그냥 너도 하지 마. 그냥 다 같이 점수 안 받으면 되잖아. 근데 너 또 점수 못 받으면 스트레스 받을게 불 보듯 뻔한데, 이왕 할거면 그냥 눈 딱 감고 해. 목마른 놈이 우물 판다고 어쩌겠어."

YES 이렇게 말해보세요

"그러게, 열심히 준비하는 모습을 쭉 지켜본 엄마도 억울한 기분이 드네. 나도 예전에 그런 경험이 있었는데 억울해서 잠도 안 오더라. 그럴 때 BTS를 생각해보면 어떨까? 모두가 인정해주지 않고 무시했지만, 꾸준히 자기만의 역량을 키워 곡을 쓰고 앨범을 만들었잖아. 만약 인정받지 못하고 남들이 알아주지 않는다고 포기했다면 지금의 BTS는 없었을 거야. 네가 한 노력은 결국 네 실력과 경험으로 보답해 줄 거야."

불합리함에 억울해하는 아이에게는
무엇이 필요할까?

요즘 아이들 사이에서 이런 경우에 "버스 탄다"라고 표현해요. 말 그대로 무임승차를 한다는 것이죠. 조별 과제에서 팀을 정할 때 반에서 잘하는 아이들이 배치되면 서로 그 조에 들어가고 싶다고 외치거나 누구누구가 버스 태워주니 부럽다는 이야기를 서슴없이 하는 아이들을 쉽게 볼 수 있습니다.

항상 누가 봐도 잘하는 아이가 주도해 모둠 활동이 진행될 수밖에 없는 구조인 셈이죠. 물론 모든 경우가 그런 것은 아니지만 아이가 억울함을 호소할 정도면 생각보다 더 불합리한 상황을 경험했을 가능성이 큽니다.

기질에 따라 스트레스 차이가 큰데 평소 모범적인 기질을 가지고 있었다면 이런 경험들이 반복되며 예민함이 더 커졌을 가능성이 커요. 다른 아이들처럼 나도 같이 놀 수는 없는 일이니까요. 이런 상황에서 무조건 아이 혼자 열심히 하는 게 당연할 순 없습니다. 잘못되었다는 건 누가 봐도 명백한 사실이니까요. 아이의 마음이 다치지 않으면서 상황을 좀 더 현명하고 긍정적인 방향으로 바라보는 시선이 필요할 때입니다.

타인을 바꾸는 일은 쉽지 않습니다. 이럴 때일수록 내 아이의 감정에 집중하는 게 먼저입니다. 누구나 이런 상황에서는 억울할 것이고 엄마, 아빠 역시 다르지 않다고 말해주세요. 아이의 억울함에 편을 들어주세요. 아이 역시 잘해보려 노력했을 게 불 보듯 뻔하니까요. 물론 함께 잘 협동해 마무리된다면 금상첨화겠지요. 문제는 항상 그럴 수 없다는 데서 발생합니다. 누구나 이런 경험을 할 수 있다는 것을 인정해주고, 아이의 경험을 억울한 기억으로만 남기는 게 아닌 다양한 사람을 알아갈 기회로 만들어야 합니다.

점수도 중요하지만 실력도 중요합니다. 이번 과제를

통해 모두가 같은 점수를 받겠지만 실력을 성장시키는 면에서는 분명히 달랐을 거예요. 아이가 홀로 외로이 고군분투하며 얻어낸 귀한 점수를 누군가는 적당히 얻겠지만, 이번 과제의 수혜자는 열심히 한 학생입니다. 그 사실을 차분히 설명해주세요. 똑같은 과제라도 진로를 위한 과정이라 해석하고 해내면 좋은 스트레스가 됩니다.

"친구들 다 독서실 다녀. 나도 갈래"

공부에 관한 뚜렷한 목표 없이 친구들에게 휩쓸리는 딸

> **이 대화를 통해 아이가 갖게 될 힘**
>
> 자기 주도성

 부모의 속마음

'집에서도 안 하는 공부를 독서실에서 하겠다니 내가 그
말을 어떻게 믿을 수 있나. 자고로 공부는 마음먹기 나름
인데 집에서도 잘하려고 했으면 진즉에 잘했겠지. 집에서
도 1시간 집중이 어려워 열두 번도 넘게 냉장고 문을 열어

대면서 독서실에서 과연 공부할 수 있을까? 돈 낭비에 시간 낭비에 하나도 도움이 안 될 것 같다. 애들 가니까 저도 덩달아 간다는 걸 보니 모르긴 몰라도 친구들하고 놀고 싶어 그런 것도 같고. 무엇보다 지키고 있어야 그나마 하는 녀석이라 내가 안 보이는 곳에서 제대로 공부하고 돌아올지 의심스럽다.'

 **딸의 속마음**

'요즘에 독서실 가서 공부하는 친구들이 많다. 우리 집 주변에도 스터디카페랑 독서실이 한둘이 아니다. 나도 솔직히 공부가 안될 때는 다른 애들처럼 독서실에 가고 싶다. 집에 있으면 동생이 시도 때도 없이 내방에 들어와서 방해한다. 근데 엄마는 독서실에 가봤자 공부도 안 하고 애들하고 놀게 뻔하다며 못 가게 한다. 진짜 잘 할 수 있을 것 같은데 엄마가 나를 못 믿는 것 같아 기분이 좋지 않다.'

딸 : "친구들 다 독서실 다녀. 나도 갈래"

NO 이 말은 참으세요

"집에서도 제대로 공부 안 하면서 무슨 독서실이니? 애들이 가면 너도 무조건 가야 해? 다 자기한테 맞는 방법대로 하는 거야. 엄마가 보기에 너는 친구들 있으면 집중도 어렵고 밥도 대충 아무거나 사 먹을 게 뻔해. 동생을 조용히 시킬 테니까 그냥 집에서 공부해."

YES 이렇게 말해보세요

"와, 요즘은 중학생도 독서실에 다니는구나. 우리 딸이 언제 이렇게 커서 독서실에도 가고 진짜 신기하다. 조용하고 공부하는 데 도움이 될 수도 있으니까 가보는 것도 좋은 생각이야. 다녀와서 어떤지 엄마한테도 얘기해주고. 집중해서 열심히 하고 올 수 있길 응원할게."

친구들과 어울려 공부하겠다는 아이
그대로 믿고 보내줘도 될까?

사춘기 아이들은 유행에 정말 민감하죠. 우리 때는 고등학생이 되어야 다니기 시작한 독서실과 스터디카페를 벌써 다니니 말이에요. 아이 말대로 집에서는 다른 가족들이 있다 보니 집중하기 어려워 독서실에 가고 싶다고 생각할 수 있어요. 물론 엄마의 잔소리를 피해 도망가고 싶은 생각일 수도 있고, 친구들과 어울려 공부하는 것보다 간식 사 먹고 수다 떠는 게 목적인 아이도 있을 거예요. 이제는 학습 역시 부모가 관리할 수 있는 선을 넘어 아이의 독립된 영역으로 존재하게 되는 것이죠.

제 주변에도 아이가 스터디카페에 가는 것 때문에 실랑이하는 사례를 심심찮게 보게 됩니다. 아이가 부모의 감시를 벗어나 딴짓만 할지도 모른다는 불안감에 휴대폰을 맡아두고 보내는 부모도 있지요.

이렇듯 부모 눈에는 확실하게 보이는 단점들이 존재하지만, 우선 내 아이를 믿고 아이 스스로 할 수 있게 맡겨주세요. 어떤 선택이든 아이 스스로 결정한 부분에 대해서는 믿어주는 게 사춘기 아이들에게는 긍정적 작용이 크기 때문입니다. 학습에 있어서 부모는 갑이 아닌 을입니다. 아이가 하지 않으면 어쩔 도리가 없어요.

부모가 나를 의심한다는 감정 자체가 아이의 반항심을 키우는 불쏘시개가 됩니다. 반대로 부모가 나를 믿고 격려한다는 생각이 들면 없었던 열정도 생기는 게 사춘기 입니다. 직접 경험해봄으로써 나에게 잘 맞는 학습 공간이라는 걸 깨달을 수도 있고 열심히 하는 친구들은 극소수라는 걸 눈으로 직접 확인하는 것도 좋습니다. 독서실을 오가느라 피곤하다는 것도, 시험 성적에 도움이 되지 않는다는 것도 스스로 경험하고 느끼는 게 중요합니다.

지금은 아이가 자신에게 맞는 공부 공간과 방법을 찾아가는 시간이에요. 집에서도 특별히 공부가 잘되는 공간이 있는 것처럼 스터디카페도 가보고 도서관도, 카페도 가보며 스스로 깨달으면 됩니다. 다양하게 시행착오를 겪어본 횟수가 많을수록 적중률이 높아진다는 걸 우리는 잘 알고 있으니까요.

2장

일상 습관

사춘기에는 대게 계획성이 부족하고 미루는 행위 자체가 당연해요.

그럼에도 불구하고 아이는 하나씩 해내는 경험을 스스로 만드는

중입니다. 가장 중요한 핵심은 사춘기의 핵심적 욕구인 자율성이

바탕이 된 '아이 스스로 만든 계획을 이어가는 것'입니다.

"다음부터 잘하면 되잖아"

규칙을 지키지 않고 '나중에' 마법에 걸린 딸

✔ **이 대화를 통해 아이가 갖게 될 힘**

자기 조절력

 부모의 속마음

'말끝마다 "나중에"를 밥 먹듯이 하는 아이를 보면 정말 속이 터진다. 하루 이틀도 아니고 매번 반복되는 상황을 지켜보자니 아이의 말에 이젠 신뢰가 가지 않는다. 종일 쫓아다니며 감시할 수도 없는 노릇인데 맨날 미루기만 하니 계획성도 없고 그 중요하다는 습관 들이기는 안드로메다로 날아간 기분이다. 본인 유리할 때만 "약속 꼭 지킬 거야", "규칙 정한 대로 꼭 해볼 거야"라고 큰소리치는 아이. 기다리다 한마디 하면 한숨을 푹푹 쉬며 방에 들어가 버리니 나만 나쁜 부모가 된 느낌이다. 나는 언제까지 아이의 말에 끌려다녀야만 하는 걸까?'

 **딸의 속마음**

'부모님이랑 한 약속을 지켜야 하는 건 알지만 가끔은 못 지킬 수도 있잖아. 근데 이럴 때마다 아빠, 엄마 눈치를 봐야 하니 솔직히 피곤하다. 그냥 나한테 알아서 하라고 두면 더 잘할 텐데 규칙, 습관만 강조하는 부모님이 갈수록 꼰대 같다. 오늘 하루쯤 스마트폰 좀 더 하고, 친구들하고 논다고 잘못되는 것도 아니잖아. 오늘 하루 숙제 안 한다고, 조금 늦게 한다고, 계획대로 안 한다고 죽는 것도 아닌데 큰일이라도 난 것처럼 화낼 땐 솔직히 이해가 안 된다. 나를 믿지 못하고 잔소리를 반복하는 부모님께 반항심이 생기는 건 순전히 내가 나쁜 아이여서 그런 걸까?'

딸 : "다음부터 잘하면 되잖아."

NO 이 말은 참으세요

"맨날 나중에! 다음에! 한다고 하고 제대로 지킨 적도 없잖아. 항상 그런 식으로 대충 넘어가는 태도는 습관이 된다는 거 몰라? 못할 것 같으면 처음부터 말을 말지 규칙은 왜 세웠어? 못할 것 같으면 그냥 다 때려치워. 나도 이제 너는 포기다."

YES 이렇게 말해보세요

"오늘도 학원 가고 숙제하느라 많이 힘들었지. 엄마가 보니까 계획을 정말 잘 세웠던데, 평소 스케줄에 비해 시간이 너무 빠듯해 보이더라. 좀 여유롭게 조절하는 것도 좋을 것 같은데 네 생각은 어때? 맘에 쏙 드는 계획을 세우고 못 지키게 되면 엄마는 좀 속상하더라고."

'나중에' 마법에 걸려버린 우리 아이
어떻게 도와줘야 할까요?

    분명히 어제까지만 해도 앞으로는 꼭 열심히 자신이 세운 계획을 지키겠다며 단호한 어조에 반짝이는 눈빛을 보여주었던 우리 아이. '이제 정말 철이 들었구나'란 생각에 감동한 것도 잠시. 아이는 계획의 '계' 자도 떠오르지 않아 보여요. 잔소리가 안 좋다니 이제나 저제나 마냥 지켜보며 기다리다 기다리다 엄마는 몹쓸 나중에 증후군과 전쟁을 선포하는 지경에 이릅니다.

    나라면 자랑스럽게 계획을 통보한 만큼 하는 척이라도 할 텐데 아이는 그렇지 않아요. 사춘기 아이들은 당장 즉흥적인 상황에 하고 싶은 일을 우선해 행동하고 판단해 버리거든요. 단호하고 결심이 가득하고 꿈도 크고 하고 싶은 일도 많지만 아이는 돌아서면 잊어버리고 그런 본인의 실책이 들켰을 때 자존심 상해합니다. 부끄러우니 "나중에 하면 돼"라고 얼버무리는 것이죠.

먼저 아이가 계획을 세우고 약속했던 사실에 대해 꼭 지켜야 한다는 완벽주의로 접근하면 지켜보는 부모가 더 힘들어요. 시작도 하기 전에 아이에게 실망하고 계획도 못 지키는 성인이 될까 걱정까지 든다면 더더욱 바로 생각을 멈춰야 해요. 장기 계획에 취약한 사춘기 아이가 본인 의지로 지금보다 발전된 좋은 상황을 만들기 위해 계획을 세웠다는 것만으로도 꽤 큰 노력을 한 거예요. 그 자체로도 칭찬을 들어 마땅해요.

지금 내 아이는 유아기 때의 아기가 아니에요. 부모를 기쁘게 하려는 보여주기식의 의도가 아니라 아이 스스로 좀 더 나은 사람이 되고 싶다는 의도로 계획을 세웠다는 사실을 봐야 해요. 아이는 하나씩 해내는 경험을 스스로 만드는 중입니다. 가장 중요한 핵심은 사춘기의 핵심적 욕구인 자율성이 바탕이 된 '내가 만든 계획을 이어가는 것'입니다.

"그거 내가 그런 거 아니라고"

무의식적으로 거짓말하는 딸

✔ 이 대화를 통해 아이가 갖게 될 힘

자기 조절력

 부모의 속마음

'금방 들킬 게 뻔한 거짓말을 도대체 왜 하는 거야. 어릴 때야 뭘 몰라서 그렇다 쳐. 다 커서도 뻔히 보이는 거짓말을 하는 아이를 이해할 수가 없다. 요즘 세상이 얼마나 흉흉한데 여자아이 혼자 늦게까지 다니면 위험하단 것도 모

105

르나. 친구들하고 노는 게 한창 좋을 나이지만, 그래도 지킬 건 좀 지키면서 놀았으면 좋겠다는 게 그리 큰 욕심인가? 학원에 가기 싫으면 싫다고 그냥 얘기하면 되지. 학교 핑계, 친구 핑계, 사실대로 얘기한다고 내가 화를 내는 것도 아닌데 좀 당당하게 행동할 수는 없나? 난 아이가 이런 일 때문에 위축되는 것도 마음에 안 든다고.'

 **딸의 속마음**

'솔직히 내가 그동안 거짓말을 가끔 했던 건 인정한다. 갑자기 아빠, 엄마가 다그치니 나도 모르게 엉뚱한 말이 튀어나오는 걸 어떡해. 다시는 거짓말 하지 않겠다고 약속도 했고, 이번에는 진짜 내가 그런 게 아닌데 왜 내 말을 믿어주지 않는 걸까. 내가 다른 애들처럼 나쁜 짓을 한 것도 아니고. 부모님이 걱정하실 일이 아닌데도 자꾸 불안해하고 걱정하니 말을 안 한 것뿐인데. 결론적으로 아무 일 없었으면 된 거 아니야? 하나에서 열까지 내가 모든 걸 다 엄마, 아빠한테 얘기할 순 없잖아. 나도 내 나름의 프라이버시가 있는데. 시시콜콜 내 생활을 다 알려고 할 때마다 정

말 아무 말도 하기 싫어진다.'

> ### 딸 : "그거 내가 그런 거 아니라고."

NO 이 말은 참으세요

"딱 봐도 네가 한 게 맞는데 어쩜 눈 하나 깜짝 안 하고 거짓말을 하니. 너 정말 뭐가 되려고 자꾸 이러는 거야? 엄마가 제일 싫어하는 게 거짓말이라고 했어. 안 했어?"

YES 이렇게 말해보세요

"정말 미안해. 혹시나 하는 마음에 물어본다는 말이 네 입장에서는 엄마가 너를 믿지 않고 의심하는 것처럼 들렸겠다. 엄마가 진심으로 사과할게."

부모에게 거짓말하는 아이, 도대체 무슨 생각일까?

사춘기 때 하는 거짓말은 유아기 거짓말의 의도와 평

이하게 달라요. 내 아이의 *꼬꼬마* 시절에 들었던 거짓
말은 부모를 기쁘게 해주기 위함이었다면 사춘기의 거
짓말은 자신의 이득을 위한 거짓말이 대부분이기 때문
입니다. 더 놀고 싶은데 허락을 안 해줄 것 같아 거짓말
을 하고, 잔소리 듣기 싫어서 거짓말을 합니다. 자존심
이 상했거나 부모에게까지 얘기해서 일을 키우고 싶지
않아 얼버무리듯 넘어갈 수도 있고요.

하지만 보통 사춘기 딸들이 이렇다고 해서 매 순간
아이를 의심할 수는 없는 노릇이지요. 부모에게도 그
자체는 고통일 뿐이니까요. 지금부터 우리는 아이를 의
심하는 눈초리를 잠시 접어두고 다시 상황을 차근차근
바라볼 예정입니다. 준비됐나요?

먼저 한두 번의 거짓말 때문에 아이에게 낙인찍듯 의
심의 눈초리로 아이를 대하는 부모의 태도는 옳지 않다
는 것입니다.

아이에게는 긍정적 의도가 있어요. 그에 관한 예로
올해 제 생일 때 있었던 일을 이야기하려고 해요. 아이
가 학원을 마치고 집에 올 시간이 지났는데 귀가를 안
하는 거예요. 전화를 걸었더니 친구가 잠시 얘기할 게

있다고 집 앞에서 만났다며 조금 더 이야기하다가 집에 들어오겠다고 하더군요. 학원 마치는 시간이 저녁 9시 30분이 넘어 귀가가 더 늦어질 것 같아 걱정했지만, 분명 그럴만한 이유가 있다고 생각했어요. 그러고 나서 귀가한 아이 손에는 케이크가 들려 있었어요. 빙그레 웃는 아이 얼굴보다 꽁꽁 얼어 발갛게 변한 손을 보니 왈칵 눈물이 나더군요. 내가 만약 아이에게 "이 늦은 시간에 친구를 왜 만나? 당장 집에 와!"라고 아이에게 재촉하고 잔소리했다면 어떻게 됐을까요? 아이를 믿어준 덕분에 아이 역시 엄마를 기쁘게 해주려는 의도가 잘 전달되었고 선물하는 기쁨도 느꼈을 거예요.

"우리 아이는 거짓말투성이에요"라고 이야기한다면 이전에 내가 아이의 말을 믿어준 적이 있었는지 곰곰이 생각해보아요. 사실을 이야기해도 믿어주지 않는 부모에게 진실을 이야기할 필요성을 아이는 느끼지 않아요. 누군가가 나의 말을 믿어준다면 책임감이 생깁니다. 내 말의 신뢰도를 높일 수 있게 더 정확한 정보를 전달하려 하고 습관처럼 거짓을 뱉어내는 일은 눈에 띄게 줄어들 거예요. 아이의 선한 의도, 긍정적 의도를 믿어주세요.

10

"하기 싫어, 귀찮고 짜증 나"

우울 증상으로 매사에 무기력한 딸

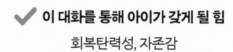

✔ **이 대화를 통해 아이가 갖게 될 힘**
회복탄력성, 자존감

 **부모의 속마음**

'평소에도 짜증을 자주 내는 아이지만 갈수록 그 정도가
심해지는 느낌이다. 눈만 마주쳐도 쨰려보지를 않나. 방
이 엉망이라 치워주려고 하면 상관하지 말라며 아예 방문
을 걸어 잠그는 딸. 사춘기는 다 그렇다고 하니 괜히 더 간

섭하면 아이 증상이 더 심해질까 내버려 둬야 할 것 같지만 반복되는 무기력한 아이 모습이 자꾸만 마음에 걸린다. 관심을 가지려 해도 밀어내고 자꾸만 혼자 있겠다는 아이. 몇 달 전까지만 해도 깔깔대며 나랑 이야기 나누던 내 딸이 맞는지 도저히 믿기지 않는다. 내가 뭘 잘못한 걸까? 어떻게 다가가야 예전의 내 아이로 돌아올 수 있을지 막막하기만 하다.'

 딸의 속마음

'내가 왜 이러는지 나도 잘 모르겠다. 엄마, 아빠 목소리만 들어도 짜증이 나고 그냥 기분이 자꾸만 가라앉는다. 누가 말을 걸어오는 것도 기분 나쁘고, 나를 쳐다보는 눈빛만 봐도 나를 비난하는 듯 보여서 불편하고 마주 보는 게 힘들다. 되는 일이 하나도 없고 재미있는 일도 없다. 스트레스가 쌓여 간식을 자꾸 늦게까지 먹으니 엄마는 살도 찌고 건강에 안 좋다고 잔소리한다. 듣기 싫어. 애들이 연락하는 것도 귀찮고 머리가 멍해져 공부도 하나도 안 된다. 이러다 정말 성적이 바닥을 칠 것 같다. 피곤하고 아무

것도 하기 싫고 잠도 잘 오지 않는다. 이렇게 재미없는 인
생을 앞으로 어떻게 살까.'

딸 : "하기 싫어, 귀찮고 짜증 나."

NO 이 말은 참으세요

"넌 맨날 뭐가 그렇게 다 싫고 짜증 나니? 무슨 말 만하
면 싫다고 하고, 눈만 뜨면 짜증 난다는 소리에 귀찮아 병
에 걸린 것처럼 이것도 저것도 다 귀찮은 게 말이 되니? 몸
을 좀 움직여봐. 매일 방에 틀어박혀서 컴퓨터나 하고 있
으니 기분이 나아질 리가 있나. 나도 매일 네 짜증 듣는 것
도 이젠 정말 징글징글해. 우리 좀 편하게 살자!"

YES 이렇게 말해보세요

"우리 딸 학교에서 무슨 일 있었어? 평소보다 표정도 안
좋고 기운이 없는 것 같아서 엄마가 걱정돼. 무슨 일이든
다 괜찮으니까 얘기하고 싶을 때 엄마에게 오렴. 엄마는

언제든지 네 얘기를 들을 준비가 되어 있어. 기다리고 있을게. 기분이 괜찮아지면 엄마랑 산책도 하고 근처 카페에서 맛있는 디저트도 먹고 오자."

매사에 우울감이 커진 아이, 어떻게 해야 할까?

조용하고 이성적이다가 갑자기 짜증을 내고 감정 기복이 심하다면 사춘기 아이들이 흔히 보이는 특징이라 할 수 있어요. 맑았다 흐렸다 하는 날씨처럼 종잡을 수 없는 게 그들의 모습이니 말이에요. 하지만 사춘기라고 단정 짓기에 다소 애매한 상황이 있어요. 간섭을 싫어해서 부모에게 자신의 이야기를 잘 하지 않고 학교나 학원에서 반복되는 학습에 힘들고 짜증이 나는 걸 매일 표출하다 보니 일시적 우울감인지, 청소년 우울증 인지 제대로 파악하지 못하고 지나갈 수 있습니다.

이럴수록 아이의 행동 하나하나에 비난하거나 평가하려는 자세보다는 아이를 있는 그대로 인정하고 존중하는 부모의 태도가 필요해요. 지나치게 침울해졌거나 끊임없이 짜증을 부리고 반복적으로 불안 증세와 우울함이 확인된다면 아이의 상태를 면밀하게 들여다보고 그에 적합한 도움을 줘야 합니다.

"사춘기라서 그래", "다른 애들은 안 그런데 너만 유별나게 왜 그래?"라는 태도는 맞지 않아요. 내가 왜 이러는지 모르겠다는 생각이 지배적이라 아이는 매우 불안한 상태입니다. 딸의 기질과 성향에 따라 현재 상태를 파악해보세요. 완벽주의적 성향이고 타인의 평가와 시선에 많은 에너지를 쏟는 아이의 경우 더 빨리 지치고 회의감을 느껴 학업 스트레스로 불안과 혼란을 경험할 가능성 또한 큽니다.

사춘기 아이들의 자존심은 무척이나 강해요. 부모와 평상시 자주 소통했던 관계라면 기대할만하지만 먼저 손 내밀고 부모에게 도움을 요청할 아이는 생각보다 많지 않습니다. '사춘기가 지나면 저절로 좋아지겠지.'라고 가볍게 생각하지 마세요. 사춘기의 우울감이 우울증으로 깊어지는 걸 막을 수 있다면 우린 지금 바로 행동해야 합니다.

열린 마음으로 자녀와 건강한 대화를 위해 순서를 지켜 시도해보세요. 내 아이의 무기력함과 우울증의 정도가 정상적 수치를 벗어났다 판단되면 머뭇거리지 말고 전문가에게 상담해야 해요. 기다려주고 들어주고 믿어주고 괜찮다 얘기해주세요. 누구나 아플 수 있습니다. 몸이 감기에 걸리는 것처럼 마음 역시 감기에 걸릴 수 있다고 얘기해주세요.

11

"또 실수하면 어떡하지?"

모든 일에 지나치게 불안해하는 딸

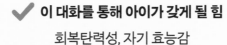

✔ 이 대화를 통해 아이가 갖게 될 힘

회복탄력성, 자기 효능감

부모의 속마음

'아이는 자신을 믿지 못한다. 그동안 충분히 잘해왔고
자랑스러운 내 딸이 끝도 없는 좌절의 늪에 빠진 느낌이
다. 스스로를 의심하고 내게 묻고 또 묻고를 반복하는 아
이. 새로운 것에 대한 도전을 즐겼던 내 아이는 어디로 갔

을까? 세상의 모든 일을 단번에 잘 해내는 사람이 어디 있다고. 실수하며 배워가는 게 당연한데 자꾸만 위축되어 못하겠다는 말만 반복하는 아이를 위해 내가 도와줄 수 있는 일이 있기나 할까. 아무 힘도 없는 못난 부모가 되어버린 것 같아 가슴이 아프다.'

딸의 속마음

'이제 뭐 하면 되지? 예전에는 의식 없이 했던 일들이 하나에서 열까지 어떤 선택을 해야 하고 어떻게 계획해야 할지 머릿속이 하얀 백지장이 된 것 같다. 엄마, 아빠는 지금껏 잘 해왔으니 지금처럼만 하면 된다고 하는데 도대체 내가 뭘 어떻게 해왔던 걸까? 생각지도 못한 실수를 한 뒤로 모든 게 다 두려워진다. 다들 내 실수를 비웃는 것 같아 사람들과 시선이 마주치면 흠칫 놀라고 심장이 방망이질 친다. 괜히 나섰다가 망신만 당할 텐데. 그냥 이대로 가만히 쥐 죽은 듯 지내고 싶다.'

딸 : "또 실수하면 어떡하지?"

NO 이 말은 참으세요

"고작 실수 한 번 가지고 징징대는 거야? 넌 결국 엄마, 아빠 닮아서 척척 잘 할 수 있어. 넌 특별한 아이잖아. 쓸 데없이 고민할 시간에 더 열심히 준비하면 돼. 그게 바로 네가 지금 할 수 있는 최선이야. 알겠니?"

YES 이렇게 말해보세요

"실수하거나 실패했다는 생각이 들면 당황스럽고 자신 감이 떨어질 수 있어. 자꾸 실수한 순간만 떠오르고 말이 야. 하지만 네가 실수했다는 건 더 나아지기 위해 노력했 다는 증거라고 생각해. 이번 경험을 통해서 앞으로 어떻게 하면 좋을지 배웠다면 실수는 네가 더 멋지게 성장할 디딤 돌이 될 거야. 우리 딸 힘내!"

모든 일에 지나치게 불안해하는 딸을
어떻게 도와야 할까?

청소년기 아이들은 상황이 자신의 생각과 달리 돌아가거나 또래에 비교해 자신이 뒤떨어진다 느낄 때 크게 상심하는 경향이 있어요. 남자아이들보다 여자아이들의 경우 스트레스를 더 크게 받고 불안해하며 실패에 따른 원인을 자신의 부족함이라 단정 짓는 경향이 높아요. 심각하게는 자신이 실패한 일 자체에 대해 완전히 포기하기를 선택할 수도 있어요.

사고 억제의 역설적 효과를 보여준 '흰곰 효과' 실험처럼 어떤 생각이나 마음을 통제하려 하면 할수록 오히려 그 생각이 더 떠오르고 그 생각에 집착하게 되는게 사람의 심리예요. 자신이 없고 나약해 보이는 아이의 모습을 고쳐주겠다고 아이의 단점들을 나열하고 강조해봤자 아이는 그 상황에 더 집착하고 불안을 느끼게 되고 개선보다는 더 심한 공포를 느낄 수도 있음을 기억하면 좋겠습니다.

부모의 마음과 비교할 수 없을 정도로 아이의 내면에는 더 잘하고 싶은 마음이 큽니다. 실수와 실패 때문에 도망가고 싶고 포기하고 싶은 생각에 자신감을 잃은 것뿐이지요. 아이러니하게도 이런 위기를 경험하면서 아이 스스로 문제를 해결하는 경험들이 쌓여 딸아이의 자신감이 자랄 수 있다는 것이에요.

우리는 위기를 기회로 만들 수 있습니다. 아이의 불안함을 통해 자기 효능감(성장형 마음가짐*)을 키울 방법을 생각해야 합니다. 실수했더라도 앞으로 열심히 노력하면 자기 능력이 더 나아질 수 있다는 가능성을 깨닫고, 선생님이나 부모의 조언을 듣고 스스로 노력해야 할 부분을 확인할 수 있게 긍정의 마음으로 바라볼 수 있도록 도와주는 것이지요.

이럴 때일수록 아이를 지지해주고 믿어주는 부모의 말과 태도가 중요합니다. 잘하고 싶은 아이의 마음을 알아주고 격려해 주세요. 실수해도 괜찮다는 메시지를

● 심리학자 캐럴 드웩이 말한 성장형 마음가짐이란 노력에 따라 자신의 재능이 발달할 수 있다고 믿는 생각이다. 성장형 마음가짐의 사람은 열심히 노력하면 자기의 능력이 더 나아진다고 믿기 때문에 도전 기회가 오면 이를 마다하지 않고 타인의 조언을 받아들여 본인이 노력해야 할 부분을 확인하고 재능 있는 또래를 보면서 자극과 영감을 받는다.

끊임없이 전해주세요. 자신을 믿고 지지해주는 부모 덕분에 딸은 멈췄던 발걸음을 잠시 쉬어가기로 생각하고 다시 한 발짝 내디딜 용기를 얻을 수 있을 테니까요.

12

"아, 좀 늦어도 되는데 왜 자꾸 재촉해?"

시간 약속을 지키지 않고 늦장 부리며 간섭을 거부하는 딸

이 대화를 통해 아이가 갖게 될 힘

자기 조절력, 실천력, 계획력

 부모의 속마음

'가능하면 잔소리하지 않으려 노력해도 결국 이런 일이 벌어진다. 약속 있다고 아침에 꼭 깨워달라 하더니 깨우면 짜증부터 부리는 아이. 약속은 인간관계의 기본인데 간단한 약속도 제대로 못 지키는 어른이 될까 걱정이 앞선다.

조금만 서두르면 될 텐데 왜 저렇게 느릿느릿한 걸까. 정말 나를 화나게 하려고 일부러 이러나 싶을 때가 한두 번이 아니다. 아이 취급하지 말라며 맨날 알아서 한다고 큰소리지만 매번 같은 상황의 반복이 지친다.'

 딸의 속마음

'내가 알아서 할 텐데 또 부모님의 간섭이 시작된다. 내가 괜찮다는 데 왜 저렇게 내 일에 끊임없이 참견하는 건지 도대체 이해가 안 된다. 내 약속이고 내가 필요하면 어련히 알아서 할 일인데 그 잠시를 못 참고 확인하고 또 확인한다. 부모님이 저럴 때마다 내가 더 한심하고 제대로할 수 있는 일은 없는 못난 사람같이 느껴져 속상하다.'

> **딸 : "아, 좀 늦어도 되는데 왜 자꾸 재촉해?"**

NO **이 말은 참으세요**

"하는 일도 없으면서 뭘 그렇게 꾸물거리는 거야. 약속

했으면 시간 맞춰 딱딱 나가야 사람이 신뢰를 얻지. 맨날 약속 시간 될 때쯤 그제야 준비하는 거 내가 모를 줄 알아? 그럴 바에는 그냥 약속 시간을 조정하든지. 이게 무슨 민폐니 정말. 내 딸이지만 정말 속이 터진다 터져."

YES 이렇게 말해보세요

"아, 그랬구나. 늦으면 안 된다고 아침부터 깨워달라고 얘기했던 거 같아서 엄마는 걱정이 좀 됐거든. 네가 혹시 중요한 약속에 늦을까 봐 마음이 쓰여서 말이야. 어련히 네가 알아서 할 텐데…. 나도 모르게 아기 때처럼 하나부터 열까지 챙겨야 한다고 착각할 때가 아직도 있다니까. 참 웃기지? 그래도 이왕이면 약속 시간 지켜서 나가야 허둥대거나 뛰지 않아도 되니까 잘 준비해서 나가렴."

뭐든 느릿느릿한 아이, 마냥 알아서 하게 놔둬도 괜찮을까?

지금 우리 아이는 스스로 제 삶의 영역을 완벽히 자

신의 것으로 지배하고 싶은 시기에 당면했습니다. 단편적으로 내가 알아서 하는 건 좋은 것, 남이 나에게 지시하거나 하라고 해서 하는 일은 나쁜 일로 인식하기 시작했다는 거죠.

이런 생각이 지배적이다 보니 부모의 사소한 지시에도 발끈하고 반항심을 표출하는 사춘기 딸. 부모의 성향이 완벽주의에 가까울수록 아이와 부딪힐 가능성은 더욱 커지고 하나에서 열까지 행동에 제약을 주면 아이는 자꾸만 엇나갑니다.

부모의 애정 표현이든 노파심이든 반복된 개입은 부모가 자신을 믿지 못한다는 좌절감으로 아이에게 남게 됩니다. 그 강도는 생각보다 더 큰 타격으로 내가 나를 믿지 못하는 상황까지 만들 수 있습니다.

생각보다 사춘기 아이들은 스스로 할 수 있는 일들이 꽤 많아요. 부모 눈에는 마냥 어린아이 같지만 스스로 할 수 있는 영역과 해내야만 하는 영역, 하고 싶은 영역까지 부모의 기준보다 아이의 사고는 훨씬 넓다고 할 수 있어요. 물론 아직 미성년인 아이에게 부모의 보호는 필수적인 부분이 지요. 하지만 아이가 더 넓게 세상을 보고 도전하려는 의지를 성장시켜주기 위해서는 품 안의 자식, 노파심이 집합된 부모의 눈과 마음을 잠시 내려놓아야 해요.

단체활동으로 인해 아이 한 명 때문에 수십 명의 타인에게 피해를 주는 일이나 지속적인 지각으로 벌점이 심각할 정도가 아니라면 경험을 통해 쓴맛을 보고 스스로 교훈을 얻는 것도 좋은 방법입니다. 지연 결과에 대해 책임져야 함을 인지시켜주는 것이지요.

직접 경험은 꽤 힘이 세답니다. 열 번, 스무 번 웃음꽃을 피우며 아이와 좋은 관계를 유지하다가도 잔소리 한 번으로 무너지는 것이 사춘기 자녀와의 관계입니다. 스스로 깨달을 기회를 주면 그 자체만으로도 존중받은 느낌이 들 거예요. 지나친 걱정보다는 믿고 맡겨 놓음으로써 스스로 헤쳐 나갈 상황을 응원하는 부모가 되었으면 좋겠습니다.

13

"담임 때문에 짜증 나"

선생님에 대해 선을 넘는 험담을 늘어놓는 딸

✔ **이 대화를 통해 아이가 갖게 될 힘**

자기 조절력, 자기 효능감

 **부모의 속마음**

'아이들은 정말 부모 마음에 관심이 전혀 없다. 자신의 말에 종일 일이 손에 안 잡히고 노심초사하는 부모 마음을 알기나 할까. 학기 초만 해도 학교에 신바람 나서 가더니 갈수록 선생님에 대한 불만은 높아지고 아침마다 학교에

가기 싫다고 짜증을 쏟아 낸다. 내 아이가 어쩌다 이렇게 버릇없어진 건지. 반 아이들도 다 담임을 싫어한다고 자기만 그런 게 아니라고 하지만 분명 뭔가 잘못해서 선생님께 찍힌 거 같은데 말을 안 하니 알 수가 없다.'

 딸의 속마음

  '담임이 갈수록 마음에 안 든다. 수업은 예전과 달리 성의 없는 것 같고, 수행평가는 도대체 무슨 기준인 건지, 잔소리는 또 얼마나 해대는지, 우리 반 친구들 대부분 담임 선생님이 싫다는 말을 입에 달고 산다. 괜히 나한테 더 많이 지적하는 것 같고 칭찬도 인색한 담임. 솔직히 인정받고 싶어서 봉사도 하고 어질러진 교실을 정리 정돈했던 일도 있었지만, 내 노력은 늘 무시한다. 결국 담임 선생님 기준에 따라 반응이 달라지니 차별당하는 기분까지 들어 억울한 마음에 이젠 학교 가기도 싫다. 어서 내년이 되어 담임이 바뀌었으면 좋겠다.'

딸 : "담임 때문에 짜증 나."

NO 이 말은 참으세요

"넌 허구한 날 선생님 욕에 학교 가기 싫다는 말 말고는 할 말이 없어? 좀 좋게 생각할 수는 없니? 선생님이 너희처럼 별난 녀석들을 20명도 넘게 관리하는 게 얼마나 힘든 일인지 너희는 모르지? 오죽하면 매일 혼을 내겠니? 감사하다고는 못할망정 맨날 투덜거리기만 하고 말이야. 원래 안 좋은 마음으로 바라보면 좋은 게 하나도 없는 거야. 매사에 그렇게 삐딱해서 어쩌려고 그러니."

YES 이렇게 말해보세요

"어떻게 매일 학교가 즐겁고 재미있을 수가 있겠어. 엄마도 네 말에 백번 공감해. 좋은 말도 반복해서 얘기하면 그렇게 듣기 싫어지잖아. 그래도 다행이지 않아? 선생님의 그 잔소리 덕분에 말썽부리고 문제 일으킬 아이들이 잠시라도 얌전해지기도 하잖니. 모든 상황과 사람이 네게 호의적일 수만은 없어. 세상에는 너무나도 다양한 사람들이 존재하니까. 선생님과의 관계를 긍정적으로 바꿔줄 해답이 분명히 있을 거야. 도움이 필요하면 언제든 얘기하고. 네가 지금까지 한 고민을 바탕으로 잘 헤쳐 나갈 수 있으리라고 엄마는 믿어."

불합리함에 속상하고 서운한 딸의 마음을 어떻게 품어주어야 할까요?

내 생각이 맞고 남들은 틀렸다는 흑백 논리를 하는 사춘기 아이들은 자세하게 설명하는 것보다 뭉뚱그려 이렇게 이야기하는 일이 잦아요. 무엇이 문제인지 자세히 얘기하기보다 지금 내가 느끼는 감정이 앞서 모든 게 다 엉망진창이라 생각하게 되지요. 그런 사고 자체를 '인지적 오류'라고 하는데 내 생각이 맞고 타인의 말이 틀렸다고 생각하기 쉬운 대표적 시기입니다.

그래서 공감적 대화를 통해 아이가 잘못 인식한 상황을 바로잡아줄 필요가 있어요. 바로잡지 않으면 아이는 인지적 오류로 인해 기분 나쁜 감정을 가지고 부정적 의식을 계속 유지할 가능성이 큽니다. 선생님께 인정받고 싶은 건 아이마다 같을 거예요. 작은 관심과 칭찬에 늘 고픈 아이들이잖아요. 그런 상황에서 잘못을 해서 선생님께 지적을 받는다면 아이는 선생님이 자기를 미워하는 것이라 확대 해석할 가능성이 커요.

아이가 스스로 바꿀 수 없는 상황은 수없이 많이 존재합니다. 아이가 선생님이나 그 외 다른 어른에 대해 불평할 땐 먼저 아이의 감정과 판단을 인정해주세요. 아이가 하는 말이 사실과 다를 거라는 정확한 근거가 없는 한 아이의 말을 인정해주는 것이 중요합니다.

지금부터 아이와 상황을 있는 그대로 바라보는 연습을 해보기로 해요. 살아가며 만나게 될 사람들을 배우게 되는 기회라고 얘기해주세요. "선생님 일로 힘든 마음 충분히 이해한다", "네가 잘 해결해나갈 것으로 기대한다"고요.

딸에게 세상이 늘 호의적이고 완벽한 관계만 존재한다는 건 환상에 가까운 일임을 경험하게 해주는 것도 나쁘지 않은 수확입니다. 부정적이지 않게 세상을 있는 그대로 볼 수 있는 눈을 키울 기회로 활용하세요.

14

"개짜증 나. 왜 나한테만 지랄이야"

습관처럼 욕을 하는 딸

✔ 이 대화를 통해 아이가 갖게 될 힘

자기 조절력, 자존감

부모의 속마음

'아이의 욕을 듣고 심장이 쿵 내려앉았다. 내가 제대로 들은 게 맞는지, 나도 모르게 놀란 토끼 눈이 된다. 당황스럽게도 아이는 표정 하나 바뀌지 않고 욕을 말하고 있다. 초등학교 고학년부터 욕을 사용하는 아이들이 상당하다는 애긴 들었지만 내 아이가 이런 욕을 아무렇지도 않게 하다니, 정말 듣기 싫다. 말의 뜻은 알고 쓰는 건지…. 짜증 나는 상황도 억울함도 충분히 이해할 수 있다. 하지만 저런 식으로 표현하는 건 정말 아닌 거 같다.'

 **딸의 속마음**

'하는 일마다 안 되는 것투성이에 하기 싫은 일은 어김없이 반복된다. 학교에 학원, 돌아서면 시험에 수행평가까지 내가 공부하는 로봇인가? 그나마 친구들이랑 수다 떨면 스트레스가 풀리는데 엄마가 내 통화 내용을 듣더니 깜짝 놀라서는 10분 넘게 잔소리한다. 애들이랑 대화하다 보면 나도 모르게 욕도 따라 하게 되는데, 그것 때문에 화가 난 것 같다. 근데 욕하면 막혔던 가슴이 뻥 뚫리는 느낌이 들어 짜릿할 때가 있다. 하지 말라고 하니 더 하고 싶을 때도 있고. 내가 욕을 해서 누구한테 피해를 주는 것도 아니잖아. 남들 다 쓰는 욕 나도 좀 한다고 뭐 잘못되는 것도 아니고.'

NO 이 말은 참으세요

"너 지금 어디서 욕하는 거야? 내가 욕하면 된다고 했어. 안 했어? 그런 말버릇은 도대체 어디서 배워 온 거야? 말은 그 사람의 품격이라 조심해야 한다고 엄마 아빠가 늘 얘기했잖아. 버릇없이 어른 앞에서 이게 무슨 짓이야. 다음번엔 절대 그냥 안 넘어가니까 말조심해!"

YES 이렇게 말해보세요

"왜 무슨 일 있었어? 우리 딸이 이렇게 심한 말을 하는 건 처음 봐서 엄마가 지금 조금 놀랐어. 길거리 지나가다 보면 네 또래 애들이 아무렇지도 않게 큰소리로 욕을 하던데 10대 문화가 원래 그런가? 재미로 말할 수도 있고 정말 화가 나서 욕을 할 수도 있지만 우리 딸은 그러지 않았으면 좋겠는데 네 생각은 어떠니?"

습관처럼 욕하는 아이, 받아줄까? 야단칠까?

아이가 비속어를 사용해 너무 놀랐지요? 이 아이가 내가 알던 그 착한 딸이 맞는지, 혹시나 나쁜 친구를 사귀어 애가 변한 건 아닌지 부모의 머릿속은 순식간에 엉망진창이 될 거예요. 욕설 자체만 봐서는 분명 문제가 큰 사안입니다. 욕이란 일반적으로 타인의 인격을 무시하거나 헐뜯고 잘못을 질책하거나 불만을 표현하기 위해서 사용되기 때문이지요. 그런데 혹시 지금 아이의 욕은 위의 상황과 맞아떨어졌나요?

사춘기를 보내는 아이들은 일상어처럼 욕을 사용하는 경우가 대부분입니다. 누군가를 공격하거나 헐뜯는 것이 아니라 대화에 욕을 섞어 사용하며 또래 사이에 동질감을 느끼기도 하고, 감정을 강조하기 위해 사용하는 경우가 대부분이라는 걸 금방 알아차릴 거예요. 이런 종류의 욕은 습관처럼 형성되다가 자연스레 사라지는 경우가 많습니다. 문제는 증오하는 대상이 있거나 남에게 피해를 주는 욕입니다. 지금부터는 다소 힘들더라도 아이가 욕을 사용하는 상황을 정확히 파악해보기로 해요.

욕하는 행위가 옳은 것은 아니지만 습관적으로 강조하듯 욕을 사용해 나쁜 의도가 없다고 판단되거나, 고의적이고 타인에게 피해가 될 욕은 아닌지 살펴볼 필요가 있어요.

습관적으로 욕을 늘어놓기 전 전조 증상이 분명 있었을 겁니다. 마음대로 되지 않은 일들의 연속에 아이의 스트레스 지수가 꽤 높아진 상태일 수 있거든요.

딸이 불평을 늘어놓으면 조용히 들어보세요. 좋은 해결법이 떠올라서 도와주고 싶어도 아이가 원하지 않으면 아무 말 말고 꾹 참고 들어만 주세요.

사춘기를 지나는 딸은 온종일 학교와 학원에서 시간을 보내고 나면 짜증을 더는 참아낼 힘이 없을 지경이에요. 바른 생활, 정해진 규칙을 지키느라 종일 긴장하고 참고 또 참았거든요. 집에 돌아와 불평불만을 쏟아내는 과정을 통해 아이는 기분이 후련해집니다. 해결책은 어차피 거부할 겁니다. 그냥 들어주세요. 누군가 들어주면 힐링 효과가 있습니다. 우리도 똑같잖아요.

• 3장 •

부모와의
관계

딸은 지금 부모 품에서 벗어나기 위해 치열하게 몸부림치고 있습니다. 본인이 혼자서 할 수 있음을 보여주고 싶고 자신의 성장을 인정받고 싶어요. 이제부터는 마냥 사랑스럽던 딸의 자리를 내려놓으려고 하는 것이지요.

아이는 사춘기를 통해 분명히 성장합니다. 있는 그대로의 딸을 인정하고 기다려주세요. 오래 지나지 않아 분명 한층 더 성장한 딸을 마주하게 될 겁니다.

(15)

"어차피 엄마도 잘 모르잖아"

부모의 말을 무시하고, 훈계하면 질색하는 딸

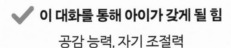

✔ 이 대화를 통해 아이가 갖게 될 힘
공감 능력, 자기 조절력

 **부모의 속마음**

'아이에게 더 이상 내 말이 통하지 않는다. 무시하기 일
쑤에 그 말이 사실인지 아닌지에 대해 집요하게 따져 물어
댈 때면 정말 당황스럽다. 내가 없는 말을 하는 것도 아닌
데 의심 가득한 눈초리 때문에 아이에게 한마디 뱉을 때마

140

다 나도 모르게 긴장된다. 아이가 무시할 때마다 혼을 내자니 부모로서 참 볼품없어 보이기도 하고 그렇다고 내버려두자니 화가 난다. 도대체 어떻게 해야 할까?'

 딸의 속마음

'어릴 때는 엄마, 아빠가 세상에서 제일 똑똑하고 뭐든지 할 수 있는 슈퍼맨처럼 보였지만, 이젠 아니다. 엄마, 아빠가 완벽하지 않다는 걸 이제는 너무 잘 안다. 실수도 하고 했던 말과 약속을 지키지 못할 때도 많다는 걸 말이다. 당장에 중학생인 나보다도 모르는 게 수두룩하다. 다 아는 것처럼 말할 때는 괜히 심술이 나서 하나하나 반박을 했더니 버릇없이 말대답한다고 혼내기나 하고. 그럼 틀리게 말하는 것도 "네, 네" 하며 듣고만 있어야 해? 이건 완전 억지야.'

NO 이 말은 참으세요

"너 지금 엄마 무시하는 거야? 모르긴 뭘 몰라. 다 네가 스스로 판단하고 생각할 기회를 주기 위해서 그런 거잖아. 그리고 너 어른한테 그렇게 말하면 안 돼! 비꼬는 것처럼 무시하듯이 말하는 걸 내가 모를 줄 알아? 한 번만 더 그렇게 버릇없이 굴면 용돈이고 뭐고 없을 줄 알아!"

YES 이렇게 말해보세요

"예전에 엄마도 공부도 잘하고 이것저것 아는 게 참 많았는데, 갈수록 자꾸 헷갈리고 그래. 네가 엄마보다 더 아는 것도 많아지고 공부를 많이 하는 것도 사실이니까. 그런데 엄마도 상처받을 줄 안다. 몰랐지? 엄마도 속상할 줄도 알고 상처 주면 상처도 받아. 다음에는 우리 딸 예쁜 목소리만큼 조금 더 다정하게 얘기해줘, 부탁할게."

갑자기 무례하게 구는 아이, 어떻게 대처하면 좋을까?

갑작스러운 아이의 변화에 당황스럽죠? 예고도 없이 찾아온 딸의 변화는 부모의 가슴을 아프게 합니다. 사춘기 딸은 예전처럼 달콤한 사탕같이 굴지 않아요. 어쩌면 매운 고추처럼 매서워졌다고 해야 맞는 표현이겠지요.

아동기 때 부모에 대한 환상을 가지고 무조건적 믿음과 사랑을 줬던 아이는 이제 없습니다. 사춘기 아이들은 슈퍼맨, 슈퍼우먼처럼 대단하게 바라봤던 부모 역시 모르는 것도 많고 실수도 잦은 평범한 사람임을 깨달았거든요. 누구보다 부모의 민낯을 잘 파악하고 있어 무례하게 굴기도 하고 부모에게 빈정거리기도 합니다.

어떻게 나한테 저럴 수 있나 싶은 순간도 수없이 많을 거예요. 나의 약점은 물론 놀랍도록 교묘하게 괴롭히는 아이가 도저히 참기 힘들어지기도 할 거고요. 그럴 때는 그냥 넘어가지 말고 고약하게 부모를 아프게 하려고 하는 말이나 행동에 관하여 단호하게 이야기해주세요. 부모가 분명 지적해야 하는 상황인데도 그렇지 않으면 아이 역시 이상하게 생각할 테니까요. 이때 주의할 점은 모진 말로는 10대의 행동을 고칠 수 없다는 거예요. 문제를 더 악화시킬 여지가 있기에 무례한 행동에 관해서만 지적하는 겁니다. 자기에게 함부로 대하는 사람을 좋아하는 사람은 아무도 없다는 걸 딸에게 알려주는 게 지금 우리가 해야 할 일입니다.

"문을 잠그든 말든 내 마음이야,
제발 좀 내버려 둬"

방문을 잠그고 들어가 부모의 접근을 거부하는 딸

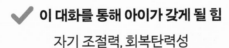

✔ **이 대화를 통해 아이가 갖게 될 힘**

자기 조절력, 회복탄력성

부모의 속마음

'제대로 하는 거 하나 없으면서 뭘 잘했다고 큰소리치고 들어가 방문을 잠근다. 갈수록 버릇없어지는 딸을 보면 이대로 놔두는 게 맞는 건지 머리가 복잡하다. 전문가의 조언대로 아이를 믿고 기다려줘야 하는 건 알겠는데 나만큼 비위 다 맞춰주는 엄마가 어디 있다고! 방문을 닫는 것까지는 이해하겠다고. 근데 왜 잠그고 있냐고. 방에서 무슨 일을 하는지 부모가 알 수가 없잖아. 이만큼 잘해줬으면 알아서 공부도 하고 부모 말도 고분고분 잘 들어야지. 도대체 이 아이가 내 아이가 맞긴 한 건지 매일 딸과 전쟁을 치르는 기분이다.'

 **딸의 속마음**

'내 얼굴만 보면 잔소리를 쏟아내는 엄마, 아빠를 보면 화가 머리끝까지 치밀어 오른다. 사사건건 내가 하는 일에 참견하고 잔소리하니 마주치는 게 정말 끔찍하게 싫다. 날 이해하려는 생각은 눈곱만큼도 없으면서 대화는 왜 하자고 하는 건지. 날 위한다며 하는 얘기는 결국 내 나쁜 습관을 꼬집어 비꼬고 공부하라는 소리뿐이다. 제발 날 좀 가만히 내버려 두면 안 되는 건가? 집에서 유일하게 내가 쉴 곳은 내 방뿐인데 이제는 방문 닫고 잠그는 거로도 혼나다니, 정말 집에 있는 시간이 가시밭길을 걷는 기분이다.'

딸 : "문을 잠그든 말든 내 마음이야.
제발 좀 내버려 둬."

NO 이 말은 참으세요

"너 도대체 뭘 잘했다고 방문을 걸어 잠그고 그래? 방문
잠그고 뭐 하는데? 버릇없이 방문을 쾅 닫고 이게 뭐 하는
짓이야? 불만이 있으면 말을 하라고 말을!"

YES 이렇게 말해보세요

"오늘은 네가 대화할 기분이 아니구나. 알겠어. 엄마도
가끔 아무한테도 방해받고 싶지 않을 때가 있어서 네 맘을
이해할 수 있을 것 같아. 그럼 엄마는 거실에 있을 테니 하
고 싶은 말이 있거나 간식이 필요하면 나와서 얘기해주면
좋겠어."

단절된 아이와의 대화, 도대체 어디서부터
잘못된 걸까?

- -

많은 부모가 아이의 사춘기를 인지하지 못하다가 어느 날 갑자기 방문을 걸어 잠근다거나 부모와의 대화를 거부하듯 자기 방으로 들어가는 행동을 발견하고서야 내 아이에게 '사춘기'가 왔다는 사실을 알아차린다고 합니다.

가슴 아프게도 사춘기 아이는 부모의 목소리만 들어도 알레르기 반응이 일어난다는 말이 있을 정도로 부모와의 대화가 쉽지 않은 시기입니다. 아이도 아이지만 사랑하는 딸에게 거부당하는 느낌을 경험하는 부모 역시 큰 상처가 되어 관계 개선이 더욱 어렵게 되지요. 이럴 때일수록 아이의 행동에 "왜?"를 붙이기 전에 내가 지금 아이에게 나이에 맞는 대우를 하고 있나 생각해봐야 해요. 아이의 공간, 아이의 사생활을 이전보다 더 많이 존중해줘야 하는 시기가 온 것이죠. 아이와 엉켜버린 관계는 꼬여버린 실타래처럼 마음에 들지 않는다고 당장 자르거나 잡아당겨 해결할 수 있는 문제가 아니에요. 그런 식으로 접근하면 처음의 상태로는 돌아갈 수 없는 것은 물론 도저히 풀 수 없을 만큼 엉망으로 꼬일 테니까요. 아이가 지금 왜 저런 행동을 할 수밖에 없는지 근본적인 원인에서부터 고민을 시작해보세요. 한 가닥씩 그렇게 차근차근 풀어나가다 보면 아이의 마음이 보이기 시작합니다.

사춘기 딸아이가 방문을 닫아버리거나 입을 다물어버리는 행동을 보일 때의 공통적 심리는 엄마, 아빠는 내 마음을 모른다는 거예요.

집은 안락함을 제공하고 스트레스를 해소할 공간이 되어야 하는데 지금 우리 집이 아이에게 가장 많은 스트레스를 주는 공간이 되고 있을 가능성이 커요.

이제는 아이가 24시간 내게 껌딱지처럼 붙어 있던 시기가 지났다는 걸 인정하세요. 그걸 인정하지 못하면 방으로 들어가는 아이를 보며 역으로 엄마가 분리불안을 느끼게 됩니다. 이제껏 그토록 독립적으로 키우겠다고 다짐하며 양육했음에도 불구하고, 이제는 본인 스스로 못 떨어져 아이에게 자꾸만 섭섭해하는 마음을 키워가는 실수를 범하지 마세요.

  아이와 나의 적당한 거리를 인정하고 내가 하고 싶은 말을 앞세우기보다 아이가 하고 싶은 말을 들어주세요. 물론 당장 아이가 예전처럼 재잘거리며 시시콜콜한 이야기를 내게 와서 떠들지는 않을 거예요. '간섭한다', '통제한다', '날 믿지 못한다' 식의 경계심이 사그라질 수 있도록 이해하는 눈을 가지고 기다려주세요.

17

"그냥 엄마가 해줘"

책임지고 싶지 않은 마음의 문제를 모두 부모에게 미루는 딸

 이 대화를 통해 아이가 갖게 될 힘
자기 효능감

 부모의 속마음

'사춘기 아이에게 무엇보다 주도성이 중요하다고 하는데 아이는 매일같이 나에게 의존한다. 아이의 단골 레퍼토리는 "엄마 뭐하면 돼?"다. 이건 들고 가야 되는지 말아야 하는지, 이걸 사면 되는지 저걸 사면 되는지, 이거 먹을까

저거 먹을까 등등 예전에야 내가 다 챙겨주는 게 편해서 그랬던 건데 덩치가 이렇게 커서까지 내가 이런 걸 해주고 있을 줄이야 정말 눈앞이 깜깜하다. 내가 아이를 잘못 키운 것 같다는 죄책감이 들어 자꾸만 눈물이 난다.'

 **딸의 속마음**

'이제 뭐 하면 되지? 솔직히 스스로 계획을 세워본 적도 없고 엄마, 아빠가 가라는 학원에 가서 들으라는 수업을 들으면 됐다. 내가 딱히 알아서 할 게 없어서 너무 편했는데 이제 컸으니 갑자기 나더러 알아서 하란다. 그냥 앞으로도 쭉 이대로 부모님이 정해주는 대로 하고 싶다. 솔직히 내가 뭘 해야 하는지 시간을 어떻게 조율해야 하는지 전혀 알지 못한다. 친구들은 내가 뭐든 잘하는 만능이라고 생각하지만, 솔직히 난 혼자 할 줄 아는 게 없다. 이런 나를 남들에게 들킬까 봐 겁이 난다. 이제는 내가 혼자 하는 것 자체가 불안하다.'

153

딸 : "그냥 엄마가 해줘."

NO **이 말은 참으세요**

"다 큰 녀석이 이제 알아서 할 때도 됐잖아. 너처럼 큰 중학생이 엄마한테 이런 것까지 해달라고 하면 비정상 아니야? 저기 저 꼬맹이도 혼자 하는구먼. 나이를 허투루 먹었네! 진짜."

YES **이렇게 말해보세요**

"우리 딸이 혼자 해본 적이 없어서 그렇구나? 괜찮아 그럴 수 있어. 해보지 않은 일은 누구나 조심스럽고 선뜻 해볼 생각이 들지 않거든. 하지만 그게 뭐가 됐든 직접 해보면 생각보다 쉽다는 걸 알게 될 거야. 지금부터 엄마랑 차근차근 하나씩 함께 해보자. 실수해도 괜찮고 못 해도 괜찮아. 처음부터 잘하는 사람은 없잖아. 한두 번 실수하면 다음에는 더 잘할 수 있게 되니까 걱정하지 말고 한 번 같이 해보자."

매일 해결사를 필요로 하는 딸, 어떻게 도와야 할까?

부모의 간섭에 저항하는 아이도 있지만 그와 상반되게 문제가 생길 때마다 부모에게 도움을 요청하고, 부모 역시 기꺼이 아이를 도와주는 경우가 생각보다 우리 주변에 많이 존재합니다. 아이 입장에서 부모의 도움을 받으면 편할지 몰라도 더 많이 도움을 받게 되면 아이 스스로 문제를 해결할 능력이 줄어든다는 걸 처음에는 잘 인식하기 어렵습니다.

혼자 할 수 있는 것이 적어지면 적어질수록 아이의 자신감은 줄어듭니다. 다른 아이들은 아무렇지도 않게 해내는 일을 나만 못한다면 아이 스스로 자신의 가치를 낮게 여길 가능성도 크고 새로운 것에 대한 도전은 시작하기도 전에 포기하는 수순을 밟을 가능성 역시 커지게 됩니다.

자기 것을 찾아가는 시기가 바로 사춘기입니다. 아이가 그동안 스스로 도전하고 접근할 기회가 없었다면 상황을 회피하거나 의존해 부모의 뒤에 숨어버리려는 경향이 강할 수 있어요. 하지만 우리는 너무 잘 알고 있잖아요. 작은 도전과 성취의 경험들이 쌓여야 비로소 스스로를 믿을 수 있다는 것을요. 거창하고 대단한 것만 인정하는 게 아닌 작은 성공을 지지해주는 부모를 통해 아이는 더 큰 발전을 이루어 갈 수 있습니다.

아이를 인간으로서 존중한다는 건 아이에게 선택권을 준다는 의미예요. 아이의 이야기를 들어주며 좋은 선택을 할 수 있도록 격려할 수 있지만, 결국 선택은 아이 스스로 해야 합니다. 그에 따른 책임 역시 아이가 질 수 있도록 해주어야 하고요. 아이가 내린 선택의 결과를 옆에서 지켜보기 조금 힘들고 어려워도 그에 따른 책임을 지게 해주세요.

아이의 삶을 좀 더 풍요롭게 만들어 주는 건 아이의 스스로 하는 힘의 크기에 좌우됩니다. 선택을 통한 성취감이 자존감의 바탕이 되고 내적 동기의 비결입니다. 오늘부터라도 아이가 스스로 선택하고 행동할 수 있게 도와주세요.

18

"왜 내 말 안 믿어?"

자기 말이 무조건 맞다고 날을 세우는 딸

✔ **이 대화를 통해 아이가 갖게 될 힘**

공감 능력

 부모의 속마음

'아이를 믿고 싶다. 믿고 싶어서 확인하려고 물어본 것뿐인데 아이는 왜 자기를 믿지 못하냐고 발끈해서는 나랑 더 이상 얘기도 하지 않으려고 한다. 내가 대놓고 의심한 것도 아니고 궁금하면 물어볼 수 있는 거 아닌가? 물론 예전에 가끔 거짓말을 했던 기억이 있긴 하지만 대놓고 의심한 것도 아닌데 저렇게까지 서운해하고 억울해하다니⋯. 사춘기 딸이 무서워서 무슨 말도 맘대로 이젠 못하겠다.'

 **딸의 속마음**

'솔직하게 얘기해달라고 나를 무조건 믿는다고 했던 엄마의 말은 결국 거짓말이었던 거야. 지금 엄마 표정을 봐. 내 말을 믿기나 하는 건지. 사실대로 얘기해도 결국 의미가 없다는 걸 오늘 다시 한번 확인했다. 예전에 내가 몇 번 거짓말한 적이 있어서 그럴 수 있다고 해도 정말 이번에는 아닌데, 억울하고 속상해서 울었더니 뭘 잘했다고 우느냐고 말한다. 엄마는 분명 내가 하는 모든 게 마음에 안 드는 게 분명하다.'

딸 : "왜 내 말 안 믿어?"

NO 이 말은 참으세요

"네가 평소에 믿을 수 있게 행동했어? 매번 모르는 척 넘어가 주니 아주 엄마가 아무것도 모르는 바보 같지? 너 지난번에도 엄마한테 거짓말했던 거 모를 줄 알아? 다 알면서도 너한테 기회를 준 거라고. 근데 또 거짓말하고 눈 똑바로 뜨는 것 좀 봐. 이제 네가 콩으로 메주를 쑨다고 해도 내가 믿나 봐라!"

YES 이렇게 말해보세요

"엄마는 우리 딸 말은 항상 믿지. 솔직히 의심하려고 한 말은 아니었는데, 네가 듣기에 속상할 수 있었겠다. 정황상 네가 그랬을 것 같다고 섣부르게 판단했던 것 같아. 증거도 없는데 말이야. 엄마가 기분 나쁘게 했다면 미안해. 기분 풀어."

자신을 믿지 않는다고 화내는 딸에게
어떻게 얘기해야 할까?

아이가 자기 말을 부모가 믿지 않는다고 날을 세울 때, 내 아이는 어떤 감정으로 이야기하는 걸까요?

아이들은 부모가 자기를 믿어주는 것에서부터 동기를 가지기 시작합니다. 물론 이전의 아이 행동을 알고 있는 부모 입장에서는 무조건 아이의 행동을 좋은 방향으로만 볼 수는 없을 거예요. 거짓말이라는 게 한 번이 어렵지 두 번 세 번 반복되면 죄의식 없이 하게 될 수도 있으니 말이에요. 근데 아이가 저렇게까지 자기가 한 게 아니라고 우길 때는 분명 숨겨진 의도가 있을 가능성이 큽니다. 그것이 긍정적 의도라면 더더욱 말이지요.

우리는 아이가 스스로 잘 해낼 거라고 믿는 마음에는 인색할 때가 많아요. 알아서 숙제할 거라는 믿음, 시험 기간에 계획대로 공부할 거라는 믿음 말이에요. 아이를 믿기 어려운 게 사실이지만 누구보다 잘하고 싶은 아이의 마음을 믿기 시작한다면 아이를 있는 그대로 인정하고 지지하는 게 어렵지 않게 돼요.

생각보다 특별하지 않은 경험과 사건에서 부모의 믿

음은 아이에게 긍정의 싹을 틔웁니다. 부모의 따뜻한 시선 덕분에 아이는 좀 더 나은 결과를 내야겠다는 결심도 하게 됩니다. 바로 이 지점이 부모와 자녀 간의 관계가 긍정적으로 달라질 수 있는 포인트라고 할 수 있습니다.

19

"나만 그런 거 아냐. 애들도 다 그래!"

잘못을 인정하지 않고 친구를 핑계로 삼아 다 괜찮다는 딸

> **✔ 이 대화를 통해 아이가 갖게 될 힘**
> 자기 주도성, 계획성

 **부모의 속마음**

'도대체 외출만 하면 함흥차사. 분명히 저녁 먹기 전까지 귀가하기로 해놓고 연락이 없다. 저녁도 굶고 기다리고 있는데 연락했더니 이미 식사 중이라는 딸. 엄마에 대한 배려가 있기는 한 건지…. 분명 식사하고 올 거면 미리 연

락해달라고 했는데 논다고 바빠서 쫄쫄 굶고 있는 엄마 생각은 안중에도 없는 녀석. 결국 저녁 9시가 다 되어서 헐레벌떡 들어오는 아이. 도대체 다른 애들은 부모가 챙기지도 않는 건가?'

딸의 속마음

'우리 부모님은 유독 간섭이 심하다. 친구들 얘기를 들어보면 부모님 허락 없이도 실컷 놀러 다니는데 우리 부모님은 누구랑 어디서 무얼 하는지, 몇 시에 귀가하는지, 저녁은 먹고 오는지, 정말 내가 어디만 나가면 질문이 폭탄급이다. 거기다 전화라도 한 통 못 받게 되면 얼마나 화를 내는지. 이제 나도 중학생인데 아기 취급하는 것 같아 옆에 있는 친구들 보기에도 부끄럽고 자존심이 상할 때가 많다. 하지 말라는 것도 가지 말라는 곳도 많은 우리 부모님. 이런 게 바로 과잉보호 아닌가?'

NO 이 말은 참으세요

"지금 그럼 네가 잘했다는 거야? 다른 애들이랑 지금 네가 무슨 상관인데? 우리 집은 우리 집 나름의 규칙이 있는데 네가 지금 그걸 깨고 있잖아. 집에서 저녁 먹기로 했는데 못 먹게 됐으면 미리 엄마한테 전화해야지. 한참이나 기다리게 하고 엄마 전화는 바로 받지도 않고 말이야. 진짜 너희 친구 엄마들은 애들한테 관심이 없는 거야? 지금 시간이 몇 시인데 애들이 집에도 안 가고 그러고 있는 거야!"

YES 이렇게 말해보세요

"친구들이랑 진짜 재밌게 놀았나 보네. 엄마한테 연락하는 것도 까먹고 말이야. 엄마는 딸이 오늘 친구들하고 논다고 해서 당연히 저녁도 먹고 올 줄 알았는데, 네가 엄마랑 먹겠다고 얘기하고 나가서 솔직히 1시간 넘게 기다렸거든. 연락이 안 돼서 걱정도 됐고, 다른 친구들은 각자 집에 규칙이 어떤지는 모르겠지만 엄마는 우리 딸이 안전하게 귀가하는 게 제일 중요해. 친구들과 노는 것도 좋지만 다음부터 귀가 시간은 꼭 지키자, 알았지?"

남들이 하는 행동은 다 괜찮다고 생각하는 아이, 어떻게 얘기해야 할까?

아이에게 필요한 것은 규칙의 일관성이에요. 사춘기 딸에게는 부모의 말과 행동이 예측 가능해야 하거든요. 부모가 어느 선까지 허락할지 어디까지 고려해야 할 문제인지 잘 아는 아이들은 그 허용 범위 안에서 스스로 헤쳐 나갑니다.

하지만 부모가 규칙을 계속 바꾸면 아이는 고통받게 돼요. 어떤 기준에 맞춰서 대처해야 할지 혼란스럽기 때문에 본인의 의지와 상관없이 규칙을 어기게 되는 일이 빈번하게 발생할 수 있거든요. 그러다 보면 규칙이 아이에게 더 이상 무의미해질 수 있어요. 어차피 상황 따라 달라질 규칙은 안 지켜도 문제없다고 생각할 수 있답니다.

그러면 다음 규칙을 만들어도 아이를 제대로 이끌어

갈 수 없어요. 어차피 또 흐지부지될 규칙이라는 걸 아이는 이미 경험으로 확인했으니까요.

사춘기 아이들은 또래들이 하는 행동이나 기준에 자기를 맞추고 싶어 합니다. 그들과 자신이 동일하다고 늘 생각하고 있거든요. 누구누구는 되고, 누구는 안 된다는 결론을 마주했을 때 사춘기 아이들은 "안 돼"를 "돼"로 만들기 위해 집요하게 매달립니다. 그러니 우리 가족만의 규칙을 정할 때는 아이와 꼭 함께하길 당부드립니다. 아이가 함께 참여하고 진행해야 규칙이 설득력을 가질 수 있기 때문입니다. 집집마다 각자의 규칙이 존재하듯 우리가 정한 규칙과 상이할 수 있다는 걸 아이에게 안내해 주세요.

규칙의 기준은 부모의 편의가 아닌 아이에게 꼭 필요한 것을 가르치기 위함입니다. 지금 딸에게는 딸의 안전과 함께 서로에 대한 존중도 지킬 수 있는 엄격하면서도 유연한 규칙이 필요할 때입니다.

$$20$$

"엄마는 몰라도 돼"

일상, 생각, 감정 등을 부모에게 숨기려고 하는 딸

 이 대화를 통해 아이가 갖게 될 힘

공감 능력

 부모의 속마음

  '분명히 며칠 전부터 표정이 심상치 않은데 아이는 몰라도 된다는 말만 한다. 도와주고 싶고 아이의 얘길 듣고 싶은데 곁에 앉아 있어도 눈길 한 번 주질 않는 매정한 딸내미. 먹고 싶은 거 있냐고 물어보고 딸 기분 맞춰주려고 이

렇게 엄마가 애를 쓰는데, 무슨 일이 있는지 물으면 몰라
도 된다고 단칼에 입을 막아 버리고 말하기 귀찮다는 말만
돌아올 뿐이다. 엄마만 보면 재잘대고 웃음꽃 가득했던 우
리 딸은 도대체 어디로 갔을까?'

 딸의 속마음

'그냥 혼자 있고 싶을 때가 있다. 엄마, 아빠는 방금까지
깔깔대고 웃다가 갑자기 왜 그러냐고 나를 탓하고 들지만
내 기분이 자꾸만 이렇게 바뀌는 이유를 나도 모르는데 어
떻게 이걸 말로 표현할 수 있을까? 그리고 솔직히 내가 시
시콜콜 다 얘기할 필요도 없잖아. 오늘은 예쁘게 대답해야
지 생각하다가도 엄마가 자꾸 캐묻듯이 질문하면 좋은 말
이 나가질 않는다. 더 이상 대화하고 싶은 마음도, 같은 공
간에 있는 것 자체도 너무 불편해진다. 내가 이런 내 마음
을 얘기하면 사춘기라 그렇다고 괜찮다고 말할 게 불 보듯
뻔하다. 차라리 이럴 때는 대화를 안 하는 게 상책이다.'

딸 : "엄마는 몰라도 돼."

NO 이 말은 참으세요

"엄마가 왜 몰라도 되는데? 나는 네 엄마고 네가 뭘 하고 다니는지 당연히 알아야 하는 거 아니야? 나는 네 보호자고 넌 아직 미성년자라고. 혼자 세상 똑똑한 척은 다 하면서 며칠 동안 계속 그렇게 죽상을 하고 있는데 무슨 일인지 엄마가 알아야 할 거 아니야! 도와주고 싶어서 물어보는데 "몰라도 돼", "참견하지 마"라고 말하잖아. 이게 무슨 말버릇이야. 너 진짜 갈수록 왜 이래?"

YES 이렇게 말해보세요

"무슨 일인지 말하기 불편하구나? 엄마가 보기에 요즘 네 표정이 안 좋아서 솔직히 걱정되거든. 그러다 보니 자꾸 물어보게 되고 그러네. 엄마는 괜찮으니 편하게 언제든 얘기해줘. 가끔 속상하고 기분이 안 좋을 때는 누구에게든 털어놓기만 해도 마음이 풀리고 위로가 될 때가 종종 있거든. 우리 딸한테도 엄마가 그런 사람이 되고 싶어."

자신의 생각을 부모에게 숨기고 싶은 딸에게
다가갈 방법은?

사춘기가 되면 딸은 부모의 질문을 질색하기 시작해요. 마치 알레르기와 같은 반응처럼 말이에요. 무얼 물어보는지는 중요하지 않아요. 그저 부모가 자신에게 질문한다는 것 자체에 사춘기 딸은 짜증을 부리지요. 자신을 향한 질문은 자신의 비밀을 캐내려고 하는 것이고, 피해야 하는 대화라고 생각하기 때문에 좋은 의도였다고 해도 거부당할 가능성이 매우 높습니다.

지금부터라도 진심으로 아이의 이야기를 듣고 싶다면 아이가 원하는 방향으로 대화를 이어가도록 연습해야 해요. 부모가 사춘기 자녀와의 대화에서 흔히 하는 실수는 좋은 의도로 시작했더라도 결론은 교훈을 주려 한다거나, 공부를 열심히 해야 하는 이유를 덧붙이는 방식으로 이어간다는 거예요. 본의 아니게 딸과의 대화가 단절되는 요인이 되기도 하지요.

이렇다 보니 대게 사춘기 딸들은 부모와 대화하는 것보다는 그냥 혼자 삼키고 지나가는 게 더 좋은 방법이라 생각해요. 말을 해봤자 결국 부모가 하고 싶은 말로 대화가 끝나기 일쑤니까요. 사춘기 딸은 특히나 본인이 원하지 않는 대화는 일절 거부하기 때문에 부모와 딸과의 거리는 더더욱 멀어질 수밖에 없어요. 아이의 사생활이 궁금한 부모와 그 사생활을 사수하려는 딸과의 신경전이라고 할 수 있지요.

앞으로는 아이의 생각이 궁금하고 마음이 알고 싶어도 철저하게 딸이 원하는 주제를 선택하고 아이가 대화를 원할 때까지 기다려주세요. 내가 시간이 나서 대화하는 게 아닌 아이가 필요로 할 때, 아이가 대화하고 싶을 때를 기다리는 거예요. 그런 부모의 노력은 아이의 마음에 언젠가는 닿을 테니 조금만 더 힘을 내보아요.

• 4장 •

친구와의
관계

여학생들은 유독 친구 관계에 많은 에너지를 소비합니다. 좋은
만큼 더 많이 지치고 힘들 수 있다는 반증이지요. 지금 아이에겐
부모의 긍정적인 메시지가 어느 때보다 필요한 순간입니다. 단번에
좋아지지 않는다고 너무 불안해 하지 마세요. 아이가 잘 헤쳐 나갈
수 있도록 든든한 버팀목이 되어주는 것 그거면 충분합니다.

21

"애들이 나 안 끼워주면 어떡하지?"

새 학기 친구들의 무리 짓기에 힘들어하는 딸

> ✔️ **이 대화를 통해 아이가 갖게 될 힘**
> 자존감, 회복탄력성

 **부모의 속마음**

'친구 관계가 좋았고 늘 중심이 되었던 아이였는데 갑자기 자기는 친한 친구가 없단다. 누구나 처음에는 다 그렇다고 먼저 다가가면 친구도 금방 생길 거라고, 언제든 집에 초대하라며 얘길 해줬는데…. 내가 생각하는 것보다 상

황이 좋지 않은지 아이의 표정이 좋지 않다.

신나서 학교에 다니던 아이가 딴 아이가 된 것처럼 느릿 느릿 등교 준비에 한참 걸리고 하교 후에는 친구랑 논다고 학원에 늦게 가서 속을 썩이더니 지금은 기가 죽어 집에 오기가 바쁘다. 매일 재잘대던 수다쟁이가 할 얘기가 없다 며 입을 닫고 있으니 이 불안감을 어찌 말로 표현할까? 이 게 말로만 듣던 왕따인 건지. 나도 아이도 이런 경험이 처 음이라 담임 선생님과 상담하고 싶은데 유별나다고 흉볼 까 걱정 돼 연락하기도 쉽지 않다. 어쩌다 내 아이에게 이 런 일이 생긴 건지 그저 속이 시커멓게 타들어 간다.'

 **딸의 속마음**

'갑자기 분위기가 왜 이러지? 별생각 없이 지냈는데 갑 자기 아이들이 무리 짓는 분위기다. 나도 서둘러 어디든 속해야 했는데 실수했다. 내가 친했던 친구들은 이미 무 리가 형성됐고, 단짝들이 다른 친구들과 팔짱을 끼고 있어 내가 말을 걸려고 하면 무섭게 째려본다. 나는 그냥 예전 처럼 다 친했던 때가 좋은데 왜 군이 단짝을 만들고 무리

를 지어서 따로 놀아야 하는 거지? 분위기가 이러니 갑자기 학교에 갈 때마다 마음이 불편하다. 결국 다음 주 체험학습에 버스 타고 갈 때 같이 앉을 짝을 정하는데 아무도 나에게 함께 앉자는 얘길 하지 않았다. 나만 혼자 덩그러니 있는 건 너무 싫은데 어쩌지? 나 지금 왕따 당하고 있는 건가?'

딸 : "애들이 나 안 끼워주면 어떡하지?"

NO 이 말은 참으세요

"다 큰 녀석이 무슨 그런 걱정을 하고 난리야. 각자도생 몰라? 네가 아주 속이 편하구나. 지금 넌 친구가 문제가 아니라 수학 점수가 떨어지는 걸 걱정해야 하는 거 아니야?"

YES 이렇게 말해보세요

"새 학기인데 친한 친구들하고 같은 반이 아니라서 걱정되는구나. 친구들이 먼저 다가오길 기다리기보다 친해지고 싶은 친구한테 먼저 인사해보는 건 어때? 먼저 반갑게 인사하면서 자기한테 관심 가져주는 친구는 누구든 환영할 거야."

혼자되는 게 두려운 내 아이 어떻게 해야 할까?

사춘기의 많은 문제 중 가장 까다로운 주제가 바로 친구 관계가 아닐까 싶어요. 어떤 문제보다 부모의 개입이 쉽지 않기 때문이에요. 여학생들은 유독 무리 짓기에 많은 에너지를 소비합니다. 이 정도까지 할까 싶을 정도로 과하게 또래 집단에서 무리를 짓다 보니 신학기에 학교에 적응하고 반에 적응하는 게 아니라, '내가 무리에 속하지 못하면 어떻게 될까?', '내가 저 무리에서 벗어나면 어떻게 될까?' 하는 공포심에 가까운 감정을 느끼는 경우를 쉽게 볼 수 있어요. 오죽하면 여자아이들은 숫자 3을 싫어한다는 말이 나올까요.

아마도 단짝을 갈망하는 그네들의 특성상 '절친이 없으면 나는 혼자가 될 수도 있다'라는 경험을 또래들의 행동을 통해 학습하고 깨달았기 때문이겠죠.

기질과 성향에 따라 같은 상황을 무심하게 넘어가는 아이가 있고 심각하고 고통스러운 상황으로 인지하는 아이가 있을 거예요. 어떤 반응이 더 좋고 나쁘다고 판단하기보다는 아이가 느끼는 감정을 있는 그대로 인정하고 이해하는 것이 우리가 가장 먼저 해야 할 일입니다. 타인이 보기에는 별거 아닌 문제가 아이에겐 자신의 전부라 할 수 있을 정도로 심각한 문제가 될 수 있기에 귀담아 들어주는 누군가가 필요합니다.

상황을 제대로 이해하기 위해서는 악의적 의도의 유무를 파악하는 것이 중요해요. 의도적으로 같이 어울리지 못하게 하거나 비방하고 일부러 피해를 준다면 괴롭힘의 문제임으로 성인의 개입이 필요합니다. 반대로 성격이 맞지 않거나 자기주장만 내세우는 아이와 놀기 싫어하는 거라면 그건 아이들의 선택인 거죠. 이럴 때는 아이 스스로 상황을 인지하고 나은 방향으로 개선하고 노력하게 도와주어야 해요.

이때 우리가 지켜야 할 대원칙은 내가 선택되지 않았다고 해서 자신의 존재를 아이가 하찮게 여기지 않도록 하는 것이에요. 모두 나를 좋아할 수 없고, 누구도 모든 사람을 만족시킬 수 없다는 걸 설명해주는 것이지요.

지금 아이에겐 부모의 긍정적 메시지가 어느 때보다 필요한 순간입니다. 단번에 좋아지지 않는다고 너무 불안해 마세요. 아이가 잘 헤쳐 나갈 수 있도록 든든한 버팀목이 되어주는 것 그거면 충분합니다.

"같이 놀고 싶으면 해줄 수도 있지"

친구의 요구를 거절하지 못하는 딸

> ✔ **이 대화를 통해 아이가 갖게 될 힘**
> 자기 주도성, 자기 조절력

 부모의 속마음

'아이는 괜찮다고 하지만 내가 옆에서 지켜본 바로는 아이가 매일 만나는 친구에게 문제가 좀 있는 것 같다. 그 친구 아니면 안 될 것처럼 굴어서 어쩔 수 없이 두고 보고 있지만 매일 간식 사 먹는다고 용돈을 받아 가질 않나. 집에서 공부 잘하다가도 전화 한 통에 바람같이 나가는 딸. 절친이라 그렇다곤 하지만 친구 관계에서 가장 위험한 게 상하관계가 성립되는 거 아닌가. 딸은 아니라고 하지만 본인 의사에 상관없이 끌려다니는 것 같은 기분을 지울 수가 없다.'

딸의 속마음

'나는 ○○이가 좋다. 다른 친구들보다 이 친구랑 놀면 시간 가는 줄 모르게 재밌다. 엄마는 내가 얘랑 놀 때마다 간식도 많이 사주고 약속 시간도 그 친구한테 다 맞춘다고 싫어하지만, 꼭 그렇게 친구를 똑같이 공평하게 대해야만 하는 건가? 시간 여유로운 사람이 맞춰주면 되고, 내가 용돈이 있으니 사줄 수도 있지. 뭐 가끔은 갖고 싶은 학용품이 있다고 사달라고 졸라서 사줄 때도 있지만 다 내가 좋아서 사준 거니까 문제없는 거 아닐까?'

딸 : "같이 놀고 싶으면 해줄 수도 있지."

NO 이 말은 참으세요

"네가 호구야? 왜 네 생각은 말도 못 하고 애들이 하라는 대로 끌려다니는 거야? 다른 착한 애들도 많은데 꼭 이상한 애들하고 친구하는 것 자체가 문제야."

YES 이렇게 말해보세요

"그래. 내가 좋아하는 친구와 즐겁게 지내려고 서로 양보하고 배려하는 건 좋은 일이지. 하지만 한쪽이 일방적으로 요구하거나 네가 싫은 걸 억지로 하는 건 좋은 친구 관계라 할 수 없을 것 같아. 혹시 이런 부분에서 마음이 불편해지거나 예상치 못한 상황이 되면 고민하지 말고 엄마에게 꼭 얘기해 주면 좋겠어. 그럴 수 있지?"

친구의 요구에 거절하지 못하는 아이
이대로 둬도 괜찮을까?

아이들 사이에도 권력이라는 게 존재해요. 친구 사이라 해도 우위가 생겨버리면 그 친구의 일방적 요구를 들기도 하고 친구 관계를 위해 아이가 싫은 일까지 하게 될 수도 있어요.

자기 중심성이 강한 시기지만 또래에 의해 자기 의지를 무력화시킬 수 있는 때가 바로 사춘기입니다. 오죽하면 "모이면 천국, 떨어져 나가면 지옥"이란 말이 나왔을까요. 이처럼 사춘기를 보내는 아이들에게 또래의 힘은 생각보다 더욱 강력합니다.

혼자가 될까 봐 무리한 부탁도 거절하지 못하고 자신의 의지와 상관없이 타인의 행동을 따르는 아이는 심리적으로 위축된 상태로 친구 관계를 유지할 가능성이 큽니다. 그 시간이 장기적으로 지속되면 점점 우울해지고 무기력한 상황으로 치달을 수 있어요. 겉으로는 밝고 괜찮은 듯 보여도 아

이의 말과 표정에서 드러나는 감정을 주의 깊게 살필 필요가 있어요. 한 곳에 집중하지 못하고 지나친 감정기복을 보이는 행동도 문제지만 지나치게 감정을 억압하고 자기주장을 하지 못하는 것 역시 심리적 악순환의 상태이기에 부모의 개입이 필요합니다.

우선 아이가 작은 부분이라도 이야기해준다면 그 자체로도 고마운 일입니다. 아이가 입을 다물고 있다면 우린 아무것도 알 수 없으니까요. 학교나 학원에서 연락을 받았다면 이미 심각한 문제로 발전해 있을 가능성이 큽니다. 아이를 위해 우리가 아무것도 하지 못한 상태로 말이에요. 그래서 우린 아이의 친구 관계에 관해서는 '숨기지 않는 것'을 목표에 두고 접근해야 합니다.

짧은 대화라도 일상생활에 관한 이야기를 아이와 매일 조금씩이라도 나눌 수 있는 시간을 만들어보세요. 자주 소통을 해왔다면 문제가 아니지만 그렇지 않을 때 아이가 좋아할 만한 상황(엄마 혹은 아빠와 단둘이 쇼핑하거나 카페에서 대화 나누기, 좋아하는 영상을 함께 시청하기 등)을 시도하는 것도 좋아요. 사춘기 아이는 자신이 생각한 것이 대개 옳다고 생각할 가능성이 커요.

친구에게 끌려다니는 것이 문제일 경우 아이가 친구에게 의존하지 않고 본인 스스로 성취할 수 있는 환경을 만들어주는 것도 좋은 방법입니다. 관심사를 분석하고 진로를 탐색해 강점 찾기를 하는 것이 그 대표적 예랍니다. 필요하다면 힘든 관계를 유지했던 친구들과 거리를 두게 하고 자기만의 가치 있는 시간을 충분히 가질 수 있게 돕는 것이지요.

부모가 생각하는 것보다 우리 딸들의 내면은 참 강합니다. 쉽게 웃고 짜증 내는 다양한 감정을 가진 만큼 본인 스스로 안정된 상황이 반복되면서 자신을 '가치 있는 사람'으로 여기게 되고, 친구와의 관계 역시 새롭고 단단하게 잘 만들어 갈 수 있답니다.

"애들 다 인스타 하는데
왜 나만 안 돼?"

관계에서 소외될까 SNS에 집착하는 딸

> ✔ **이 대화를 통해 아이가 갖게 될 힘**
>
> 자기 효능감, 자기 조절력

 부모의 속마음

'분명 자기는 SNS 따위는 안 할 거라고 호언장담을 한
게 엊그제인데 갑자기 무슨 바람이 불어 왜 못하게 하냐고
나를 달달 볶는다. 자기 스스로 SNS를 시작하면 중독될 것
같아 앱 설치 안 할 거라고 큰소리치더니. 자기가 한 말을

새까맣게 까먹은 건지, 엄마 때문에 자기가 왕따가 돼도 좋냐고 으름장까지 놓는 모습에 황당할 따름이다. 근데 다른 애들 엄마들은 이걸 다 허락해줬다고?

 **딸의 속마음**

'요즘 친구 중에 인스타 안 하는 애는 나뿐이다. SNS 얘기만 하면 펄쩍 뛰는 부모님 때문에 다른 친구들 SNS만 기웃거리는 내 신세. 다른 애들은 다 하는데 도대체 왜 나만 안 되는 거냐고. 애들이 학교에만 오면 SNS에서 있었던 이야기를 하는 통에 난 대화에 끼지도 못하고 이게 뭐야. 인스타 얘기만 나오면 나만 쏙 빼고 이야기해서 따돌려지는 기분까지 드는데 엄마는 이 사실을 알고 있는지…! 내가 중독이 심해질 것 같아서 안 된다고 하는데 그건 정말 모르는 말이다. 이러다 내가 왕따 되면 좋냐고요!'

> **딸 : "애들 다 인스타 하는데 왜 나만 안 돼?"**

NO 이 말은 참으세요

"친구들이 다 한다고 너도 꼭 다 따라 해야 해? 너는 안할 수도 있지. 넌 꼭 뭐 하고 싶은 게 있으면 애들 다 한다고 하더라? 너희가 아직 어려서 모르겠지만 SNS에 빠지는건 인생 낭비의 지름길이야. 그냥 하라는 공부나 해!"

YES 이렇게 말해보세요

"절대 안 된다는 게 아니라 SNS를 통해 발생되는 문제가많다는 얘기를 엄마가 많이 들어서 걱정이 돼서 그러지. 혹시 꼭 SNS를 해야 하는 이유가 있는 거야? 엄마가 잘 몰라서 그러는 데 설명해줄 수 있을까?"

아이가 SNS에 집착하는데 어떻게 도와줘야 할까?

솔직히 10대 사춘기 아이들의 일상을 들여다보면 학

교생활 외에 가장 많은 시간을 할애하는 공간이 SNS라고 해도 과언이 아니에요. 어쩌다 이렇게까지 깊숙하게 아이의 사생활이 잠식되었을까? 얘도 하고 쟤도 하는데 나는 왜 안 되냐고 아이가 반문한다면 할 말이 없어지는 것도 사실입니다. 많은 부분 자신이 선택하고 결정한 대로 인정해줬던 기준과 대치되는 상황이니 말이에요.

요즘 아이들 인스타그램 안 하는 아이가 있나요? 페이스북 안 하는 아이는 더더욱 없을 거예요. 여기에 말도 안 되는 익명의 질문 SNS까지 등장해 학교폭력의 온상이 되고 있다는 얘기를 심심찮게 듣게 됩니다. 참으로 가슴 아프고 안타까운 일이지요. 스마트폰이 아이 손에 쥐어진 순간부터 힘겨루기를 시작했던 게 엊그제 같은데 이젠 우리 손을 떠나 자유롭게 온라인 바다에서 항해 중인 아이.

그런 딸에게 강제적 차단은 반항심만 키우고

사생결단의 자세로 부모를 향해 치열하게 싸우는 아이를 마주하게 할 뿐이에요. 사춘기 아이와 대화를 통해 우리는 이미 너무 잘 알고 있잖아요. 아이를 위한 선택일지라도 일방적인 부모의 결정은 아이의 감정에 불을 지피는 형국이 되어버린다는 것을요. 지금부터 우린 아이의 입장에서 최대한 접근해보려 합니다. 아이의 안전을 최고로 여기는 단단한 부모의 마음을 장착해 그렇게 한 걸음 내디뎌 보는 것, 그것에서 시작해봅시다.

당장 눈앞의 상황에 민감하게 반응하는 사춘기라 즉각적인 피드백이 실시간으로 공유되는 SNS 참여는 아이를 더 조급하게 할 거예요. 나만 동떨어질까 봐, 나만 소외될까 봐, 나 혼자만 다르다고 생각하면 아이는 마음이 답답할 수밖에 없어요. 자신이 속한 사회의 흘러가는 방향이 다르다면 외면하기는 더욱 쉽지 않습니다. 아이의 니즈가 명확하기 때문에 계속되는 실랑이에 지치는 게 당연합니다. 지금부터는 분명한 사실에만 집중해야 해요. 우리는 아이가 최대한 SNS에 접근할 수 있는 권한을 늦추기 위해 노력하고 있습니다.

이젠 적절한 기준을 정해야 합니다. 코앞까지 다가온

위기에 지금부터 제대로 된 한계를 설정해야 자기조절의 힘을 키워줄 수 있어요. 어떤 일을 허용하기에 앞서 적절한 기준을 정하는 것은 무엇보다 중요합니다. 기준이 왔다 갔다 하면 그 말은 설득력을 잃게 돼요. 내 선택이 내 편의가 아니라, 딸을 위한 선택이자 딸을 지키기 위하는 일임을 알려주세요.

"엄마는 걔 잘 모르잖아.
놀든지 말든지 내가 알아서 해"

불량스러워 보이는 친구와의 관계를 걱정하는
부모를 이해하지 못하는 딸

✔ **이 대화를 통해 아이가 갖게 될 힘**

자기 효능감

 **부모의 속마음**

'친구를 사귀어도 꼭 저렇게 별로인 아이와 친해지는 아이를 보면 정말 답답하다. 성적도 비슷하고 근처에 살면서 같이 학원도 다니고 공부도 같이하면 얼마나 좋아? 왜 우리 아이는 늘 저런 친구만 사귀는 건지 알 수 없는 노릇이

다. 끼리끼리 논다고 하는데 맨날 노는 것만 좋아하는 친구랑 놀다가 우리 딸까지 물드는 건 시간 문제인 것 같다. 어떻게든 떼어 놓고 싶은데 아이는 펄쩍 뛴다. 엄마가 뭘 아냐고 나한테 되려 소리를 지르지를 않나. 아이가 예전과 너무 달라졌다. 역시 질 나쁜 아이랑 만나니 딸 성격까지 변한 것 같아 점점 불안해진다. 친구 얘기만 나오면 도끼눈을 뜨고 아예 대화를 차단하는 아이. 나쁜 길로 빠지는 건 순식간이라는 데 이대로 둬도 될지 정말 걱정이다.'

 딸의 속마음

'내가 하는 건 뭐든 마음에 안 드는 우리 엄마. 웬일로 내 친구에게 관심을 가지나 했더니 결국 돌아오는 건 친구의 성적과 어디에 사는지, 부모님은 어떤 일을 하는지 등등 이런 질문뿐. 그러고는 그 애는 도움이 안 될 것 같으니 놀지 말란다. 이게 대체 무슨 소리야? 나한테 이 친구가 얼마나 중요한지도 모르면서, 내 마음 터놓을 친구는 이 친구뿐인데 놀지 말라는 얘기를 어쩜 저렇게 쉽게 할 수 있지? 앞으로 엄마한테 친구 얘기는 금물이다. 역시 어른들은 우

리를 이해하려는 마음이 1도 없다. 내가 비밀을 만들려는 게 아니라 이건 다 엄마 때문이다.'

> 딸 : "엄마는 걔 잘 모르잖아. 놀든지 말든지 내가 알아서 해."

NO 이 말은 참으세요

"딱 봐도 문제 있게 생겼는데 어떻게 내가 모른 척해? 친구를 사귀어도 꼭 그런 애만 사귀니 내가 맘을 놓을 수가 있나. 넌 매번 왜 그러니?"

YES 이렇게 말해보세요

"그래 친구를 만나고 시간을 보내는 건 네 자유라고 생각해. 그래도 우리 딸의 가장 친한 친군데 엄마가 궁금해하는 건 당연한 거 아닐까? 엄마가 맛있는 것도 챙겨주고 싶은데, 시간 될 때 집에 한 번 초대하는 거 어때?"

친구를 흉보는 부모와 더 이상 대화할 수 없다는 아이, 다시 친해질 방법은?

친구에 대한 비난은 자신을 향한 비난이라 생각할 정도로 예민하고 자신에 대한 공격이라고 생각하는 사춘기 아이들. 이런 사고를 하는 아이에게 친구에 대한 평가는 아이와의 관계를 망치는 가장 빠른 길이라 할 수 있어요. 물론 부모로서는 아이와 친하게 지내기 위해 친구에 관해 질문했을 수도 있고, 걱정스러운 부분 때문에 조언해주고 싶었을 거예요. 딸에게 친구가 끼칠 영향력을 너무 잘 아니까요.

아이는 부모에게 자신의 친구를 소개했을 뿐인데 신상을 낱낱이 파악하며 부모 기준에 맞춰 친구를 평가하고, "걔랑 놀지 마"라는 말까지 들었으니 아이의 반응은 안 봐도 뻔합니다. 친구와 멀어지게 하려다 내가 아이와 멀어지는 건 순식간입니다. '사춘기 딸의 친구는 절대적 존재'임을 인정하고 그네들의 처지에서 생각하고 다가가는 방법을 지금부터 시도해보세요.

아이는 자기의 친구를 무조건 감싸고 변호합니다. 똘똘 뭉친 또래 집단의 힘이 가장 강력한 사춘기의 결속

력은 생각보다 더 강합니다. 최대한 부정적인 말을 자제하고 대화를 이끌어야 해요. 부모의 비판적인 태도는 아이를 믿지 않는다는 생각이 들게 만들어 입을 닫게 합니다. 아이 일상에 관심을 가지는 방향으로 친구와의 일상을 들어보세요. 평가하는 마음을 가지고 접근하면 제대로 된 아이의 마음도 친구의 모습도 볼 수 없어요.

내 입맛에 딱 맞는 아이 친구란 없습니다. 내 자식도 그렇지 않은데 남의 아이는 오죽할까요. 정 불안하다면 친구를 초대해 함께 시간을 보내는 것도 좋습니다. 딸의 친구들과 친해질 수 있다면 더없이 좋겠지요. 물론 아이들의 대화에 끼어들거나 관찰하는 행위는 오히려 거부감을 키울 수 있으니 최대한 배려하는 자세를 유지하고 아이들의 시간을 존중해 주세요. 내가 아이를 믿어주고 아이의 친구를 있는 그대로 인정해주는 모습을 보이면 아이 역시 부모에게 마음을 열고 고민은 물론 자신의 솔직한 마음을 보여줄 거예요. 10대 딸과의 대화는 말하는 것보다 말하지 않는 게 중요하다는 걸 잊지 마세요!

(25)

"나도 그거 사 줘. 애들 다 있다고"

또래들이 가진 것들을 부러워하며 무조건 쫓아가려는 딸

> ✔ **이 대화를 통해 아이가 갖게 될 힘**
> 자존감, 자기 주도성, 자기 조절력

 부모의 속마음

'요즘 애들은 정말 귀한 걸 모른다. 아이가 갖고 싶다면 무조건 사주는 게 능사가 아닌데…. 스스로 조절도 하고 갖고 싶어도 참고, 용돈을 아껴서 사는 방식으로 돈의 가치도 배우고 아끼는 법도 알려 줘야 하는 데 갈수록 이렇게 생각하는 내가 고리타분한 것 같다. 몇 년 전에 부모의 등골브레이커로 유명했던 패딩으로도 모자라 요즘은 백만 원이 훌쩍 넘는 휴대폰을 너도나도 사달라고 조른다고 하니 정말 어쩌면 좋을까. 결국 나도 아이가 조르면 어쩔 수 없이 손에 쥐어줘야 하는 것인가? 스스로 자괴감이 밀려온다.'

 **딸의 속마음**

'요즘에 중학생 필수품은 ○○휴대폰이다. 처음에는 그게 뭐 그리 좋을까 싶어 관심이 없었다. 근데 내 주변 친구들이 하나둘 그 휴대폰으로 바꾸기 시작하니 갑자기 나만 뭔가 유행에 뒤처지는 것 같고 애들이 내 휴대폰만 쳐다보는 것 같아서 자꾸만 숨기게 된다. 내 것도 아직 새것인데 엄마, 아빠한테 새로 사달라고 하면 혼나겠지? 일부러 휴대폰을 망가트릴 수도 없고. 아, 정말 갖고 싶은데 어떻게 해야 하지?'

딸 : "나도 그거 사 줘. 애들 다 있다고."

NO 이 말은 참으세요

"애가 갑자기 왜 이래. 안 하던 짓을 다 하고. 휴대폰이 한두 푼도 아니고 고장도 안 났는데 갑자기 사달라는 게 말이 돼? 돈도 못 버는 녀석들이 죄다 겉멋만 들어서는 도대체 어떻게 크려고 이래? 걔네 부모도 그래, 애들이 사달란다고 바로 그렇게 덜컥 다 사주면 애들이 뭘 배우겠냐고."

YES 이렇게 말해보세요

"요즘 그 휴대폰이 친구들 사이에 유행인가 보구나? 엄마가 봐도 디자인이 예쁘긴 하네. 근데 지금 네 휴대폰도 거의 새것이라서 당장 바꾸는 건 낭비라는 생각이 드는데 네 생각은 어떠니? 엄마는 남들이 다 들고 다녀서가 아니라 네가 꼭 필요한 이유에 대해서 충분히 고민해보고 얘기해줬으면 좋겠는데. 그럴 수 있지?"

200

친구들이 가진 걸 꼭 가져야 직성이 풀리는 아이, 대체 왜 그럴까?

아이들은 왜 꼭 비싸고 새로운 것에 집착하는 걸까요? 단순히 또래 집단의 동일시를 위한 도구라고 치부하기에는 또 다른 성격의 이야기가 될 수 있어요.

부모는 당연히 아이를 위해 돈을 써야 하는 사람이 아니잖아요. 아이가 자신의 의지와 상관없이 남들이 새로운 걸 가졌기 때문에 자신도 그래야 한다면 반드시 짚고 넘어가야 합니다. 자신감의 기준, 행복함의 이유가 남보다 더 나은 걸 가지고 남들만큼 가져야 하는 것에서 채워진다면 내 아이의 감정은 더 이상 아이의 것이 아니니까요.

물론 친구들이 모두 멋진 신발을 신고 있거나 최신 휴대폰을 가지고 있는데 나만 없다면 소외감을 느낄 수 있어요. 아이의 이 마음과 원하는 걸 얻고자 하는 행위를 무조건 나쁘다 치부할 수도 없는 문제고요. 이럴 땐 휴대폰 교체 시기와 조건을 상의하거나 그 신발을 사야 하는 이유를 충분히 대화해보고 결정해야 할 문제입니다. 다른 사람에게 그것을 강요하는 것, 우월감을 느끼

기 위해서라는 게 문제지요.

내 아이가 자기 행복에 대한 기준을 타인에게 두고 남보다 더 가진 만큼 행복이 결정되는 사람으로 성장하길 바라지 않는다면 지금부터라도 아이를 위한 원칙을 세울 필요가 있습니다.

첫째, 딸이 원하는 걸 사줄 여건이 되더라도 필요 없는 물건을 사달라고 떼를 쓰면 들어주지 않습니다.

둘째, 스스로 노력해서 얻게 도와주세요. 영아기 때 눈과 손의 협응력을 키워주기 위해 눈앞에 물건을 두되 손에 바로 쥐여주지 않고 스스로 잡을 때까지 기다려주는 것과 다르지 않습니다. 스스로 노력해서 얻게 되면 그 자체로 소중함을 배우고, 적극적이고 활동적인 삶의 발판이 되어 나를 잘 이끌어갈 수 있는 시작점이 될 수 있어요. 쉽게 얻은 것은 쉽게 질리고 불필요해집니다. 당장 예쁜 내 딸을 웃게 해주기 위해 했던 선택이 더 이상 딸을 행복한 사람으로 살지 못하게 하는 지름길이 될 수 있다는 걸 기억해주세요.

• 5장 •

몸의 변화

본인이 의도하든 그렇지 않든 치열하게 남과 비교당할 수밖에

없는 세상에서 살아가야 할 우리 딸들에게 지금 가장 필요한 것은

긍정적인 자아상을 갖게 하는 것이에요. 의도해서 실천하지 않으면

우리는 습관처럼 단점을 고치는 것에 집중되어 버리죠. 아이만의

장점을 하루에 하나씩 전해주세요. 타인이 아닌 자신의 마음에

주인이 될 수 있도록 말이에요.

26

"난 왜 이렇게 못생겼지?"

자기 외모를 비하하는 딸

> ✔️ **이 대화를 통해 아이가 갖게 될 힘**
> **자기 주도성, 자존감**

 **부모의 속마음**

'아이가 하루 중 가장 많이 하는 일은 거울을 들여다보는 일이다. 자꾸 자기가 너무 못났다는 얘기를 시작했을 때쯤 시작된 거 같다. 내 눈에는 예쁘기만 한데 머리카락이 푸석해서 바보 같고, 눈썹이 삐뚤어져 못나 보이고, 피

부가 안 좋아 얼굴을 들고 다닐 수 없다는 얘기를 쏟아 내는 아이. 사춘기 때 외모에 신경을 많이 쓴다는 건 알고 있었지만, 이 정도일 줄은 몰랐다.'

 **딸의 속마음**

'난 어쩌다 눈도 작고 코도 뭉툭한 걸까? 갈수록 얼굴이 못나지는 것 같아 거울을 볼 때마다 우울하다. 엄마는 날 왜 이렇게 못나게 낳은 걸까? 작은 눈 때문에 매일 쌍꺼풀 테이프를 붙여야 한다. 이거라도 붙이지 않으면 정말 눈 뜨고 봐줄 수 없다. 이마는 좁고 머리카락은 부스스하고 손가락은 왜 이렇게 짧고 못생겼는지 이런 손가락을 들키기 싫어 손을 꼭 쥐고 다니는 걸 남들은 알기나 할까? TV 속 연예인들은 하나같이 다 가지런한 치아에 브이라인 얼굴들뿐인데 내 얼굴은 동그랗다 못해 삐뚤어진 턱 때문에 마스크를 낄 수 있는 지금이 얼마나 다행인지 모르겠다.'

딸 : "난 왜 이렇게 못생겼지?"

NO **이 말은 참으세요**

"왜? 누가 너한테 못났대? 내 눈에는 예쁘기만 한데. 뭐 살이 좀 붙어서 그러는 건가? 허구한 날 늦은 시간까지 그렇게 군것질을 해대니 살이 찌잖아. 그렇게 투덜거리지만 말고 다이어트를 좀 해봐. 지금보다 날씬해지면 네가 원하는 대로 더 예뻐 보이지 않겠어? 그렇게 불평불만만 늘어놓으면 예쁜 얼굴도 절로 못나지겠다!"

YES **이렇게 말해보세요**

"우리 딸이 요즘 부쩍 외모에 관심이 많아졌네. 엄마도 네 나이 때 딱 그랬던 거 같아. 친구들과 나를 비교하기도 하고, TV에 나오는 배우나 모델들 보면 너무 예쁘잖아. 날씬하고 인형같이 생긴 게 부러워서 다이어트도 하고 싶고 말이야. 하지만 딸, 너도 알겠지만 배우들은 그게 직업이야. 멋져 보이는 게 너무나도 당연한 거야. 지금 너희 나이는 한창 성장하는 시기잖아. 완성이 아닌 과정인 거고. 엄마는 벌써 20살이 된 우리 딸이 너무 기대되는데!"

자기 외모에 불평불만이 가득한 아이,
이대로 괜찮을까?

안타깝게도 우리 딸들은 몸무게와 몸매에 대해 끊임없이 평가하고 비교 당하는 세상에 살고 있어요. 아이들 역시 이 같은 상황이 불합리하다는 걸 알지만 타인의 평가를 외면하고 살아가기에는 사춘기 딸아이의 자아중심성이 가만히 놔두지를 않습니다.

"창피하다", "쪽팔린다"라는 말을 자주 쓰는 우리 딸들. 사람들은 남의 일에 별로 신경을 쓰지도 않고 타인에게 관심이 없다는 이야기를 해줘도 아이 귀에는 소귀에 경 읽기나 다름없어요.

딸들이 타인과 스스로를 비교하는 이유는 타인이 나보다 우세해 보여 그럴 수도 있겠지만 부모로부터 그렇지 않다고, 딸 역시 좋은 모습이라는 칭찬이 듣고 싶어 그럴 수 있어요. 그렇다고 "우리 딸이 최고로 예쁘다", "모델 뺨치게 날씬하다"라는 말은 역효과가 날 수 있어요. 이럴 때는 직접적인 표현보다 아이를 향한 간접적으로 하는 칭찬이 효과가 있습니다. 자신의 있는 그대로의 모습을 인정하고 좋아할 수 있도록 도와주는 거예요.

오늘부터 딸과 대화할 때 외모 평가는 삼가해 주세요. 비교도 금물이에요. 다이어트가 아닌 건강한 몸무게를 유지하자고 메시지를 전해주세요. 어떤 말이든 긍정적 표현이 담겨 있다면 받아들이는 입장에서도 반감이 들지 않는답니다.

27

"나도 인기가 많았으면 좋겠어"

인기에 맹목적으로 집착하는 딸

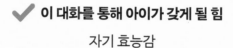

✔ **이 대화를 통해 아이가 갖게 될 힘**

자기 효능감

 **부모의 속마음**

'갑자기 아이가 안 하던 짓을 한다. 무슨 브랜드 옷을 사야 한다고 하질 않나. 미용실에 가야 한다고 난리다. 휴대폰만 잡으면 매일 쇼핑몰에서 옷을 고르고 있다. 적당히 멋을 낼 줄 아는 게 나쁜 건 아니다. 하지만 저렇게까지 외

모에 집착하는 건 문제 아닌가. 단순히 사춘기라 외모에 관심을 가지는 거로 생각했는데 학교에서 인기 있는 애들처럼 되고 싶은 목적이 더 큰 것 같다. 쫓기듯 타인에 맞춰가려는 아이의 모습에 걱정이 앞선다.'

 딸의 속마음

'친구들한테 인정받고 싶다, 나를 좋아해줬으면 좋겠다. 아이들이 내 말에 귀 기울였으면 좋겠고 나랑 서로 놀고 싶어 하면 더 좋겠다. 솔직히 예전에는 내 주위로 친구들이 항상 모였는데, 요즘은 그렇지 않은 것 같아 왠지 불안하다. 어떻게 하면 다시 인기가 좋아질 수 있을까? 쟤네 무리에 들어가면 될까? 쟤네처럼 화장도 하고 머리 스타일도 비슷하게 하면 되지 않을까? 그러고 보니 쟤네는 양말도 같고 신발도 똑같잖아. 역시 내가 그동안 너무 안일하게 생각했던 것 같다.'

딸 : "나도 인기가 많았으면 좋겠어."

NO 이 말은 참으세요

"인기가 무슨 밥 먹여주는 것도 아니고. 맨날 왜 그렇게 남한테 신경 쓰는 거야. 내가 나를 사랑하는 게 얼마나 중요한데. 남들이 인정해주기를 바라다 보면 실망하는 것도 너고 속상한 것도 너야. 공부만 잘하면 인기는 따라오게 되어 있어. 이참에 성적을 더 올려보는 거 어때?"

YES 이렇게 말해보세요

"인기가 많으면 좋지. 친구들이 나를 좋아해 준다는 건 행복한 일이기도 하고 말이야. 엄마가 살아보니 친구가 많아서 좋은 점도 있지만, 그 친구들 한 명 한 명에게 다 잘해주는 게 불가능하더라. 어쩔 수 없이 소홀해지는 관계가 생겨 오해가 생길 때도 종종 있고 말이야. 너도 작년에 경험해봐서 알지? 누가 그러는데 진짜 좋은 친구가 한 명만 있어도 성공한 인생이래. 우리 딸은 이미 그런 멋진 친구도 있고 벌써 성공한 인생이네?"

213

인기라는 허상에 쫓겨 자신으로 살지 못하는
우리 딸을 어떻게 도와야 할까?

겉모습뿐 아니라 딸들은 자신의 말투나 행동까지 또래들이 좋아할 만한 사람이 되기 위해 무던히 노력하고 있어요. 옷을 고를 때도 친구들이 좋아할 만한 스타일을 고르고, 또래들이 좋아할 이야깃거리를 모으죠. 인기를 끌고 싶은 심리도 크지만 인기가 많은 아이와 친해져 그들의 인기를 함께 누리고 싶어 하는 것도 흔한 선택입니다.

하지만 인기는 동전의 양면처럼 또 다른 얼굴을 가지고 있어요. 인기를 유지하기 위해 끊임없이 관계 유지를 고민하고, 친구 관계를 유지하기 위해 에너지를 쏟아부어야 합니다. 자신의 의지와 상관없이 남들의 기대에 부응하기 위해 하지 말아야 할 말과 행동도 해야 하는 등 권력을 유지하기 위한 노력은 스트레스로 작용하기도 하지요.

사춘기에 가장 행복한 아이는 단 한 명이라도 든든한 친구를 가진 아이라고 해요. 양보다 질이라는 말이 우정에서도 적용된다는 걸 아이에게 알려주세요. 인기라

는 허상만을 바라본다면 그 속의 힘듦도 알려주는 것이
지요.

남들이 나를 어떻게 생각하는지를 가장 중요하게 꼽
는 사춘기 딸들. 본인이 의도하든 그렇지 않든 치열하
게 남과 비교당할 수밖에 없는 세상에 살아가야 할 우
리 딸들에게 지금 가장 필요한 것은 긍정적인 자아상을
갖게 하는 것이에요. 의도해서 실천하지 않으면 우리는
습관처럼 단점을 고치는 것에 집중하지요. 아이의 장점
과 능력을 하루에 하나씩 전해주세요. 타인이 아닌 자
신의 마음에 주인이 될 수 있도록 말이에요.

28

"여드름 때문에 너무 창피해. 밖에 나가기 싫어"

사춘기 몸의 변화를 부정적으로 바라보는 딸

✔️ **이 대화를 통해 아이가 갖게 될 힘**

자기 효능감

 **부모의 속마음**

'사춘기가 되면 여드름도 나고 살도 찌고 몸의 변화 때문에 불편하다는 걸 나 역시도 너무 잘 안다. 나도 그런 시간을 보냈으니까 말이다. 피부과에도 데려가고 여드름에 좋다는 로션도 종류별로 사주지만 호르몬 때문에 생기는

변화는 생각보다 쉽게 나아지질 않아 아이를 힘들게 하니 나도 죽을 맛이다. 시간이 지나면 다 좋아진다는 걸 알지만 아이에겐 전혀 설득력이 없고, 같이 운동이라도 하면 좋겠는데 또 예민하게 받아들일까 걱정이 되는 것도 사실이라 오늘도 눈치만 보게 된다.'

 딸의 속마음

'내 얼굴이지만 정말 쳐다보기도 싫다. 엄마랑 피부과에 가도 잠시뿐. 자고 일어나면 이마 가득 올라오는 여드름이 너무 끔찍하다. 인터넷에서 찾아본 피부에 좋다는 방법을 다 해봐도 얼굴이 더 엉망이 되어 속상해 미치겠다. 허벅지 살은 왜 자꾸 찌고 가슴은 왜 이렇게 커지는 건지 정말 끔찍하다. 남들한테 들킬까 봐 일부러 박스티만 입는데 이것도 마음이 안 놓인다. 남들이 다 나만 쳐다보는 것 같아서 밖에 나가는 게 정말 싫다.'

> **딸 : "여드름 때문에 너무 창피해. 밖에 나가기 싫어."**

NO 이 말은 참으세요

"네 나이 때는 원래 다 그래. 뭐 그런 걸 가지고 밖에 나가기 싫다고 창피하다는 소리를 하고 그래? 너처럼 짜증 내고 머리카락으로 이마 가리면 두세 배로 더 나는 거 몰라? 엄마도 이마 전체가 다 여드름이었는데 시간 지나니까 싹 없어지더라. 너도 그렇게 될 거니까 스트레스 안 받아도 돼."

YES 이렇게 말해보세요

"우리 딸도 사춘기 꽃 때문에 속상해졌구나. 네가 엄마 말을 믿을지는 모르겠지만 10대를 보내다 보면 누구나 통통하게 살도 찌고 여드름이 생겨서 머리카락으로 가리고 다니기도 해. 내가 그 대표 증인이잖아. 엄마도 12살부터 이마 가득 여드름도 나고 얼굴에 통통하게 살이 쪄서 어떻게든 감추려고 정말 애썼거든. 가슴이 커지는 게 부끄러워서 움츠리고 다니기도 하고 말이야. 지금 생각해보면 정말 엉뚱했고 웃음이 나는 일이지만 그 당시엔 엄마한테도 가장 큰 고민이었던 것 같아. 아마 우리 딸도 그런 거겠지? 우리 딸이 이거 하나만 기억해주면 좋겠어. 지금 모든 과정은 멋진 나로 성장하기 위한 발판이라고 말이야. 엄마도 결국 그때의 콤플렉스들이 성인이 되고 나서 내가 좋아하는 모습 중 하나가 되었다는 걸 알게 되었거든."

2차 성징 이후 몸의 변화가 불편한 딸, 어떻게 도와줘야 할까?

아이의 마음은 정말 심란해요. 우리의 사춘기를 떠올려보세요. 자고 일어났을 때 피부에 붉게 도드라진 여드름이 보이면 조금 전까지 좋았던 기분이 완전 최악이 되어버리죠. 비단 여드름 문제만이 아니에요. 예전보다 통통해진 몸은 말도 못 하게 스트레스로 작용하죠.

외모에 신경 쓰지 말라는 말처럼 바로 멈춤이 가능하다면 얼마나 좋을까요? 모르긴 몰라도 그 말이 도화선이 되어 얼굴의 못

난 부분을 숨기기 위해 더 치열해질 거예요. 앞머리를 내리고 머리카락으로 얼굴을 찾아볼 수 없을 정도로 가려버릴지도 몰라요. 아이는 지금 '어떻게 하면 내 못난 얼굴을 다른 사람들한테 들키지 않을 수 있을까?'라며 끊임없이 연구 중이랍니다.

사춘기 아이들은 타인이 자기의 외모와 행동에 신경을 쓰고 있다고 믿는 '상상 속의 관중'에 둘러싸여 있다고 생각해요. 자신이 무대에 서 있는 주인공이고 주위 사람들은 자신을 주시하는 관중으로 느끼는 것이지요. 그것도 아주 비판적 관중이라는 게 가장 큰 문제인데 이런 관중들에게 잘 보이기 위해 얼굴의 여드름 하나, 헤어스타일, 옷차림, 화장 등을 신경 쓰느라 자신의 많은 에너지를 사용하게 될 거예요. 시도 때도 없이 거울을 보며 얼굴의 아주 작은 문제점까지 찾아내어 창피해하고요. 아이가 별나서 그런 게 아니라 지금 우리 딸은 그런 시기를 살아가고 있어요.

시각적인 것에 예민하고 타인의 평가에 민감하게 반응하는 게 당연한 나이. 이렇게 열성인 아이를 혼낼 일이 아니라는 걸 기억해주세요. 부모의 경험을 나눠도

좋고 아이가 고민하는 부분에 대해 함께 치열하게 고민
해주는 것도 좋아요. 그런 과정들이 쌓여 나를 더 사랑
하고 가꿀 수 있는 성인으로 성장할 겁니다.

(29)

"아빠가 제발 나한테 관심 좀
꺼줬으면 좋겠어"

2차 성징 이후 이성 부모에 대해 알레르기 증상을 보이는 딸

> ✔ **이 대화를 통해 아이가 갖게 될 힘**
>
> 정서지능, 공감 능력

 부모의 속마음

'갈수록 아이가 아빠를 거부한다. 나도 충분히 아이가 그럴 수 있다고 이해하지만 아빠 입장에서는 쉬운 일이 아닌 것 같다. 그저 사춘기라 예민한 것 같다고 생각하고 예전에 아이랑 친했던 시절을 그리워하기만 한다. 자꾸 장난

을 걸고 농담을 하고 아이가 그만하라고 소리를 질러도 장난으로 받아들이니 둘 사이를 중재하는 게 너무 힘들다. 사춘기 때 아빠 역할이 딸에게 정말 중요하다는 데 좋기는커녕 이러다 정말 둘이 원수라도 될까 걱정이다.'

 **딸의 속마음**

'아빠를 싫어하는 건 아니지만 갈수록 아빠가 하는 말이나 행동이 너무 거슬린다. 날 아직도 아기 취급하는 것도 기분 나쁜데 예전처럼 자꾸 간지럼을 태우거나 레슬링을 시도할 때면 정말 끔찍하다. 어렸을 때야 그럴 수 있었지만 지금 나는 스치기만 해도 아프고 짜증이 난단 말이야. 아무것도 모르면서 내가 짜증을 부린다고 버릇없다고 혼이나 내고 말이야. 제발 아빠가 나한테 관심 좀 꺼줬으면 좋겠다고.'

딸 : "아빠가 제발 나한테 관심
좀 꺼줬으면 좋겠어."

NO 이 말은 참으세요

"넌 어쩜 네 아빠한테 그렇게 얘길 할 수 있니? 아빠가 너를 얼마나 생각하는데. 아빠 덕에 하고 싶은 거 갖고 싶은 거 다 사면서 정작 아빠를 네가 그렇게 무시하면 되겠니? 아무리 예쁘다 해줘도 그렇지 나이도 어린 네가 그렇게 대들고 짜증 내는 건 아니라고 생각해. 너희 아빠 화내면 정말 무섭다. 너 진짜 앞으로 말조심해."

YES 이렇게 말해보세요

"아빠가 우리 딸을 불편하게 했구나. 엄마는 같은 동성이라 잘 알지만 아빠 입장에는 얘기하지 않으면 모르는 게 더 많을 수 있어. 네가 지금 가슴이 스치기만 해도 너무 아프고 얼굴 만지는 걸 끔찍하게 싫어한다는 걸 아빠는 남자라서 말해주지 않으면 모르니까. 네 아빠는 네가 아기 때부터 걸음마 하다 조그마한 멍만 생겨도 아주 난리가 날

225

만큼 널 아끼는 사람이잖니. 짜증만 내고 말을 하지 않으면 상대방도 네 생각을 알 수 없어. 아빠에게 네 생각을 얘기해보면 어때? 혹시 네가 말하기 불편하면 엄마가 대신 전해줄 수도 있으니 편하게 생각해봐."

사춘기 딸과 아빠의 외줄 타기 같은 불안한 관계에 해답은 무엇일까?

작고 귀엽던 딸과의 추억에서 벗어나지 못하는 아빠와 2차 성징 이후 이성 부모에게 예민하게 구는 딸의 모습은 대부분의 사춘기 자녀를 둔 가정에서 경험하는 지극히 자연스러운 현상입니다. 예전처럼 친숙하게 다가오는 아빠에게 딸이 별나고 버릇없어 함부로 대하는 것으로 오해할 수 있어요. 실상은 급격하게 변한 자기의 몸이 불편하고 들키기 싫은 마음이 앞서서 온갖 짜증과 불쾌한 감정을 쏟아내며 자신을 보호하는 것일 가능성이 크답니다.

남편에게 그만두라고 말하기도 쉽지 않고, 딸에게 아빠를 이해하라고 말하기도 쉽지 않죠. 아이도 자신의 사춘기가 처음이고 아빠에게도 딸의 사춘기는 처음입니다. 이제 나를 향해 두 팔 벌려 달려오던 딸은 어디에도 없어요. 별것도 아닌 일에 예민한 딸의 말투와 태도가 거슬리고 불편할 겁니다. 둘 사이에서 중재하는 것도 하루 이틀이지 이제 엄마도 더는 힘듭니다. 불안하고 언제 터질지 모르는 시한폭탄 같겠지만 사춘기 딸에게 부모와의 트러블이 무조건 문제가 되진 않아요.

건강하게 잘 싸우는 것도 정서지능을 키우는 데 도움이 되니까요. 솔직하게 서로의 마음을 얘기해보는 자리를 마련해보세요. 누구든 힘든 시기를 경험하더라도 그 과정을 어떻게 이겨나가느냐 하는 것이 중요합니다. 지금은 서로 존중의 거리를 둬야 할 때입니다. 까칠하고 낯선 딸이지만 아이는 곧 성숙해질 거예요. 아빠와 소주잔을 기울이며 친구처럼 이야기 나눌 딸과의 만남이 그리 멀지 않았음을 기억하세요.

• 6장 •

멀티미디어
사용 습관

10대 자녀의 삶에 가장 큰 변화이자 부모와 대립각을 세우게

되는 부분이 디지털 세상과 관련된 요소입니다. 스마트폰을

중심으로 딸은 세상을 만나고 생활의 변화를 경험하고 있습니다.

자신의 취향대로 선택하고 삶의 반경을 넓히기 때문에 섣불리

단정짓고 문제시하는 건 도움되지 않습니다. 부모의 생각을

강요하기보다 딸의 취향을 인정하고 현명하게 유지하는 방법을

제시하는 대화가 필요합니다.

"스마트폰이 없으면 불안해"

스마트폰이 없으면 불안 증세를 보이는 딸

> ✔ **이 대화를 통해 아이가 갖게 될 힘**
> 자기 조절력

 부모의 속마음

'괜히 스마트폰을 일찍 사줘서 이게 무슨 일이람. 다른 애들 다 가진 걸 내 아이만 없으면 안 될 것 같아 구매해준 내가 정말 밉다. 스마트폰 중독 증상인지 아이는 잠시도 손에서 스마트폰을 놓질 못한다. 걸어 다닐 때도 밥 먹을

때도 말로만 듣던 스몸비(스마트폰 좀비)가 된 아이. 공부도 뒷전, 책 읽기랑 담쌓은 지도 이미 오래다. 이대로 뒀다가는 공부는커녕 제대로 된 생활도 힘들어 보인다. 당장 특단의 조치가 필요하다.'

 **딸의 속마음**

'애들한테 바로 연락이 올 수도 있는데 스마트폰을 깜빡하고 못 챙겼다. 당장 집으로 돌아가야 한다고 애길 하니 부모님은 금방 다녀올 거라서 괜찮다고 한다. 내가 안 괜찮다는데 왜 엄마, 아빠가 괜찮다고 말하는 거지? 친구들 메시지에 바로 답 못하면 삐질지도 모르는 데다, 당장 내일 일정도 숙제도 모르는데. 음악도 못 듣고, 진심 답답해 미치겠다.'

딸 : "스마트폰이 없으면 불안해."

NO 이 말은 참으세요

"너 이 정도면 중독이나 마찬가진 거 몰라? 이래서 앞으로 어쩌려고 그래? 스마트폰 없어도 엄마, 아빠는 잘만 살았어. 스마트폰이 없어야 책도 읽고 하지. 수첩에 메모하는 습관도 들이면 얼마나 좋아. 눈은 눈대로 나빠지고 자세도 안 좋고. 스마트폰이 아주 애들을 망치는 주범이야."

YES 이렇게 말해보세요

"그래, 엄마도 가끔 스마트폰 없이 외출하면 불안했던 적이 종종 있어. 생각보다 휴대폰에 많은 부분을 의존하고 있다는 걸 엄마도 모르는 바가 아니라서 네 마음을 충분히 이해해."

스마트폰과 한 몸이 되어버린 내 아이, 어떻게 도와줘야 할까?

10대 아이들의 삶에 가장 큰 변화를 하나 꼽으라면 주저 없이 디지털 기기의 사용이라 할 수 있어요. 10대를 키우는 부모에게 있어 가장 큰 숙제이자 대표적 골칫거리이기도 하고요. 포노사피엔스라 칭할 만큼 그들이 살아갈 세상의 필수품이니까요. 아이가 가장 애착하는 물건이 스마트폰이라는 걸 인정하고 대화의 방향을 잡아봅시다.

성인에게는 업무의 연장선이 되어 그럴 수 있다고 큰소리쳐도 아이들 역시 친구와의 소통 창구이자 일상에서 탈출할 수 있는 도구이기 때문에 그 중함의 기준을 누가 더 크다 적다 논할 문제는 아니에요. 어른도 스마트폰 중독에 쉽게 빠지는 만큼 아이 역시 스마트폰을 켜면 정신없이 노출되는 다량의 정보들로 인해 많은 시간을 빼앗기게 되니까요.

스마트폰 게임이나 영상 시청이 재미있다는 이유로 기기에 집착할 수도 있겠지만 친구 관계가 중요한 사춘기에 스마트폰 사용에 있어 불안 증세를 보인다면 아이의 생활을 자세히 들여다볼 필요가 있어요. 친구 관계에서 예기치 못한 문제를 마주했을 수도 있고, 현실 도피성 방어기제로 스마트폰과 온라인 세상에 집착할 가능성도 크기 때문이에요.

단순히 습관적으로 스마트폰 사용 시간이 많다면 의도적으로 스마트폰 사용에 관해 시간과 공간의 제약을 두는 것으로 시작해보세요. 식탁과 침대에서는 사용 금지, 차량 이동 중에는 스마트폰 사용 최소화, 취침 한 시간 전에는 전자 기기 사용을 금지하는 식으로 협의를 보는 것이지요. 하나 꼭 필요한 조건은 가족 모두 규칙을 지키는 것이에요. 아빠, 엄마가 중요한 일이 있어서 사용해야 한다는 예외를 두면 아이에게 설득력을 잃습니다. 그러니 모두가 허용 가능한 선을 함께 지정하는 게 중요해요.

어떤 경우든 딸에게 규칙을 지키게 할 수 있는 방법은 부모가 권위를 가지는 것이에요. 아이와 함께 약속한 일은 부모가 먼저 행동해야 합니다.

이런 시간이 확보되면 생각보다 딸이 어떤 생각을 하고 어떤 감정을 느끼고 있는지 대화를 나눠볼 수 있는 행운의 기회도 만들 수 있어요. 딸의 나쁜 습관이라고 단순히 치부해 버리기보다 아이들을 제대로 알고 이해하는 것에서부터, 사춘기 증상에 대해 '건강하게 받아들임'이 동반되었으면 좋겠습니다. 그렇게 하나씩 차근차근 배우고 이해하며 대화하는 시간을 통해 꽃같이 어여쁜 사춘기를 보내길 응원해주세요.

(31)

"아, 너무 좋아.
맨날 오빠들만 보고 싶어"

'덕질' 팬심에 빠져버린 딸

✔️ **이 대화를 통해 아이가 갖게 될 힘**

자기 조절력

 **부모의 속마음**

'허구한 날 연예인 소식에 울고 웃는 딸. 걔네에 관한 건 모르는 게 없으면서 학교 시험 범위는커녕 수행평가 마감 일도 까맣게 잊고 당장 하루 전에 하겠다고 난리다. 좋아할 수 있어. 다 이해해. 그걸로 잔소리할 생각은 추호도 없

다. 사춘기 시절에 경험하는 자연스러운 통과 의례니까. 하지만 갈수록 이런 식이면 곤란하잖아. 공부에 방해되는 건 당연하고 용돈을 죄다 걔네 굿즈 사는 데 쏟아붓는데 이걸 그냥 모르는 척해? 간신히 공부 습관 잡아놓은 것도 다시 잡아야 될 지경이라 이제 나도 더는 못 참겠다!'

딸의 속마음

'오빠들을 보고 있으면 그 동안 쌓였던 스트레스가 한 방에 날아간다. 학교에서 짜증 나는 일이 있어도, 학원 숙제가 너무 많아도 오빠들만 볼 수 있다면 다 이겨낼 수 있을 것 같은 기분. 사실 이번 앨범은 듣자마자 눈물이 펑펑 났다. 어쩜 이렇게 내 마음을 잘 알아주는지 오빠들 덕분에 웃게 된다. 다음 달 콘서트 티켓팅은 무슨 일이 있어도 성공하고 말 거야!'

딸 : "아, 너무 좋아. 맨날 오빠들만 보고 싶어."

NO 이 말은 참으세요

"아이돌이 너한테 밥을 먹여주니? 성적을 올려주니? 정신을 어디 팔고 다니는지 답답해 죽겠다! 결국 죄다 버리게 될 것들 모으느라 용돈까지 전부 탕진하고. 이거 다 너같이 어린애들한테 팔아먹으려는 상술인데 그것도 모르지? 제발 정신 차리고 공부나 해!"

YES 이렇게 말해보세요

"엄마도 ○○○이 너무 괜찮던데. 울 딸이 좋아해서 유심히 봤더니 네가 좋아하는 이유를 알겠더라. 걔는 어쩜 말도 예쁘게 하고 생각도 긍정적인지. 나도 그런 마음 자세는 좀 배우고 싶어지더라. 내일 8시에 걔네 방송한다던데. 지난번처럼 숙제 깜빡해서 밤에 급하게 하지 말고 미리 숙제 다 해놓고 엄마랑 편하게 같이 보자."

아이돌을 좋아하는 아이, 어떻게 대하면 좋을까?

우선 지금 이 상황을 너무 심각하게 생각하지 말아주세요. 사춘기를 지나는 딸에게 있어서 덕질은 지극히 자연스러운 현상이에요. 멀리서 생각할 필요 없이 부모인 우리도 청소년기에 서태지와 아이들, H.O.T, 젝스키스 등 아이돌이나 배우를 좋아했던 경험이 있잖아요. 내가 좋아하는 분야, 연예인의 정보를 살피고 음악을 즐겨 듣는 일은 아이 삶에 활력소가 되어 줍니다. 물론 공부를 소홀히 한다거나 영상 시청 시간이 늘어나는 등 부모로서는 충분히 불만이 생길 수 있어요. 일상생활에 지장을 줄 정도로 문제성이 발견된다면 적절한 부모의 개입 또한 필수고요. 사춘기 자녀에게는 모든 상황에서 명확한 한계를 설정해주는 게 대원칙입니다. 그 기준선 안에 들어온다면 긍정적 방향으로 시선을 옮겨봅시다.

좋아하는 연예인이 생기면 딸과 친해질 기회를 얻었다고 생각해보세요. 제게는 사춘기를 맞이한 딸의 덕질은 눈이 번쩍 뜨일 만큼 좋은 기회였거든요.

웬만한 얘기에는 시큰둥하게 반응하던 아이도 좋아하는 연예인에 대해 이야기하면 눈을 반짝이며 부모의

이야기에 귀를 기울여 줍니다. 좋아하는 아이돌의 노래를 함께 듣고 좋아하는 멤버가 왜 좋은지 어떤 장점이 있는지 시시콜콜한 이야기를 나누다 보면 아이가 사람을 바라볼 때 어떤 점을 중요하게 생각하는지도 알게 되지요.

이 대화의 핵심은 아이가 원하는 대화에만 집중하고 부모의 욕심이 담긴 말은 삼가는 거예요. 아이가 웬일로 부모의 말에 대답을 잘한다고 해서, 바로 대화의 목적성을 가지고 접근하면 아이는 부모의 의도를 눈치채고 대화를 멈춰버린답니다. 권하지 않아도 연예인의 장점을 닮고 싶어 영어를 열심히 하거나 관심 없던 분야에 열을 올리기도 하는 게 사춘기 아이들입니다.

지금 딸의 이 팬심은 적어도 깊은 상처를 남기거나 원치 않은 남녀관계의 위험성을 동반하지는 않음을 위안해 보세요. 대화가 가능한 관계를 유지하는 것만으로도 소통은 물론 문제 상황에서도 딸을 지켜낼 수 있습니다.

32

"왜 내 글에는 '좋아요'가 안 달릴까?"

'좋아요'에 집착하며 SNS에 중독된 딸

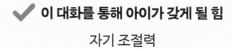

✓ 이 대화를 통해 아이가 갖게 될 힘

자기 조절력

부모의 속마음

'내 이럴 줄 알았어. 처음부터 SNS 시작한다고 할 때도 말리고 싶더니. 결국 종일 휴대폰을 끼고 사는 것도 모자라 기분이 맑았다 흐렸다, 그놈의 '좋아요'가 뭐라고 애를 이렇게 괴롭히는 건지. 인기가 많아지고 싶고 사람들 반응에 신바람이 날 수도 있지. 당연히 그럴 수 있다고 생각해. 하지만 온라인 세상에 저런 반응들이 얼마나 무의미한 건지 아이가 언제쯤 깨달을 수 있을지. 자꾸만 SNS에 집착하는 딸이 갈수록 걱정이다.'

 딸의 속마음

'처음에는 그저 친구들이 다 하니까 SNS를 시작했다. 친구들에게 메시지를 보내도 답이 없더니 SNS를 개설하고 사진과 글을 남겼더니 친구들이 '좋아요'를 마구 눌러준다. 왠지 친구들에게 인정받는 거 같아 기분이 좋아져 좀 더 부지런히 움직여본다. 평소 학교에서 얘기를 많이 못 나눠봤던 애들과도 친해지니 참 좋다. 아침에 눈을 뜨면 가장 먼저 하는 일이 친구들 SNS에 인사를 남기는 것이다. 친구들이 내 글에 관심이 없거나 '좋아요' 개수가 줄어들면 친구들에게 외면 받는 기분이 들어 갑자기 기분이 가라앉고 아무것도 하기 싫어진다.'

딸 : "왜 내 글에는 '좋아요'가 안 달릴까?"

NO 이 말은 참으세요

"그런 게 뭐가 그렇게 중요하다고 그래. 너희들한테는 그게 엄청 대단할지 모르지만 시간 지나고 봐. 정말 의미 없는 짓이다? '좋아요'를 누르든 말든 아무렇지 않다고 생각하면 되잖아. 그게 힘들고 짜증 나서 징징댈 바에는 앱 삭제하고 당장 SNS 그만둬!"

YES 이렇게 말해보세요

"자꾸만 신경 쓰이지. 당연히 그럴 수 있다고 생각해. 엄마가 SNS 선배잖아. 엄마도 처음에는 '좋아요' 수가 늘어나는 게 너무 신나서 자꾸만 확인하고 글도 계속 적게 되고 그랬거든. 그러다 괜히 소외감도 들고 자괴감에도 빠지고. 하트 수를 더 받으려고 다른 사람의 SNS도 부지런히 다니고 말이야.

근데 시간이 지나고 보니 진심으로 내 글이나 사진이 좋아서 '좋아요'를 눌러준 사람보다 서로 품앗이하듯 주고받은 게 다라는 걸 알게 됐어. 이왕 시작한 거 남의 반응보다 스스로의 만족을 위해 유지해보면 어떨까? 엄마는 네 사진과 글이 진짜 마음에 들던데. 다른 소식도 손꼽아 기다리고 있어. 기대할게. 딸."

사춘기 딸이 이처럼 '좋아요'에 집착하는 이유는 무엇일까?

남녀의 차이가 극명하게 나뉜다고 할 순 없겠지만 사춘기의 아들보다는 딸들이 SNS에 쉽게 빠집니다. 딸들은 단순한 게임보다는 관계에 좀 더 치중하기도 하고 타인에 대한 의존성이 높아 좀 더 깊이 몰입하게 되는 것이지요.

SNS는 가상의 세계지만 나를 아는 사람과 모르는 사람이 얽혀 현실을 반영한 공간이 완성되기 때문에 그곳의 영향력이 고스란히 현실에 이어지는 걸 쉽게 볼 수 있어요. 또래 집단의 친구 관계가 중요한 것처럼 온라인 세상 역시 관계와 인정에 집중되어 있습니다. 가상의 게임이 아닌 현실과 밀접한 SNS이기에 생각보다 아이들은 더 많은 '좋아요'에 집착하고 자신의 글이나 사진에 대한 반응에 민감하게 대응하게 됩니다.

사춘기를 보내는 아이들에게 인정욕구는 무척이나 강하게 작용하죠. 학교에서는 물론 가정이나 무리에서 인정받고 싶어 하고 남들보다 특별해지고 싶어 하는 건 그 나이 때의 아이들 특성이라 할 수 있습니다. 문제는 현실에서 스스로 성취한 부분이나 이룬 성과에 따른 인정이 아닌 SNS의 인정은 온전히 타인의 반응에 따른 인정이라는 게 문제가 될 수 있어요. 특히 SNS 속 '좋아요'를 바라는 마음은 인정욕구와 연결되는데, 연구 결과를 보면 이런 욕구를 요구하면 할수록 아이러니하게도 더 외로워진다고 해요. 더 많은 인정을 받고 싶어지니 온라인 속의 관계에 집착하게 되고 더 많은 시간을 할애해 타인의 SNS를 떠돌며 '좋아요'를 누르고 또 나의 '좋아요' 개수에 집착하게 되는 악순환.

그렇게 되지 않기 위해서는 가족 간의 진솔하고 편안한 대화가 필요합니다. 아이가 온라인 세상에서의 인정

에 집착하는 것은 실제 생활에서 인정욕구와 정서적 안
정이 충족되지 않았다는 방증이기 때문이에요. 남이 아
닌 내가 주체가 될 때 진정으로 아이의 마음은 풍요로
워집니다.

33

"이 정도 장면은 애들도 다 봐"

노출 수위가 높은 영상, 웹툰을 보며 당당한 딸

✔ **이 대화를 통해 아이가 갖게 될 힘**
자기 조절력

 부모의 속마음

'내 아이가 이런 웹툰과 영상을 아무 거리낌 없이 보고 있었다니 믿을 수 없다. 마냥 착하고 아기 같은 내 아인데. 온라인에 접속만 하면 무방비로 이렇게 많은 19금 영상과 소설들이 쏟아지니 이를 어쩌면 좋을까? 친구들도 다 보는데 왜 유난을 떠느냐는 식으로 큰소리치는 아이를 보니 황당하기 그지없다. 하이틴 류는 죄다 학교폭력을 당연시하고, 대학 생활에 학업은 모조리 팽개치고 연애하는 얘기뿐이다. 거기다 남녀관계의 완성을 성과 연결시켜 아무 필터링 없이 아이가 볼 수 있다는 게 너무 화가 난다. 휴대폰을 당장 뺏을 수도 없고 어떻게 이 상황을 헤쳐 나가야 할까?'

 딸의 속마음

'요즘은 정말 웹툰, 웹소설, 유튜브 보는 낙으로 산다. 나만 그런 게 아니라 친구들 대부분 그 얘기를 한다. 무료로 언제든 볼 수 있으니 용돈도 아끼고 시간 때우기도 얼마나 좋아. 솔직히 가끔 애정 장면이나 처음 접하게 되는 내용에 당황스러울 때도 있어 눈치를 보게 될 때도 있다. 하지만 다른 애들은 벌써 초등학생 때부터 봤다는데 나는 거기에 비하면 정말 한참 늦은 거지. 애들 사이에서는 문제도 아닌데 엄마, 아빠에게 걸리면 잔소리 폭탄이 터질 게 뻔하다. 앞으로도 걸리지 않게 더 조심해야겠다.'

딸 : "이 정도 장면은 애들도 다 봐."

NO 이 말은 참으세요

"넌 지금 이걸 보고도 부끄러워할 줄 모르는구나? 친구 누가 그런 거 다 보는데? 당장 걔 이름 대봐. 걔네 부모는 이런 사실을 알고나 있니? 하라는 공부는 안 하고 어디서 못된 것만 배워 가지고. 휴대폰 압수 당하기 싫으면 다시는 안 보겠다고 약속해!"

YES 이렇게 말해보세요

"솔직히 엄마는 좀 많이 놀랐어. 네가 이런 영상을 볼 거라고 생각을 못 했거든. 물론 충분히 호기심이 생길 수 있다고 생각해. 다만 네가 성에 대한 기초 지식이 없는 상태에서 왜곡된 이미지에 무분별하게 노출되는 게 엄마와 아빠는 걱정이란다. 궁금하고 재미있다고 모든 게 허용될 순 없다고 생각하는데 네 생각은 어때?"

딸에게 필터링 되지 않고 쏟아지는 수위 높은 영상과 웹툰 어쩌면 좋을까?

아이가 성장함에 따라 이제 더 이상 품 안의 자식이 아니란 생각을 하게 되는 요즘. 어떤 분야보다 눈에 띄게 달라진 부분이 디지털 기기의 사용 빈도일 거예요. 이미 딸들의 삶 자체에 깊숙이 자리 잡은 만큼 부모가 보여주고 싶고 들려주고 싶은 세상은 이제 끝났다고 해도 과언이 아니니까요.

딸의 사생활이라 믿고 맡겨 놓기에는 그 영향력이 너무 큰 온라인 세상. 아이들은 생각보다 더 빠른 속도로 어린 나이에 수위 높은 영상과 웹툰, 웹소설을 아무런 제재 없이 보고 들을 수 있는 환경에 무방비로 노출되어 있어요. 호기심이 왕성한 사춘기 특성상 또래들과의 놀이나 소통하는 과정에서 본인 의사와 상관없이 음란물에 노출될 가능성 또한 높아졌죠. 문제는 자의든 타의든 한 번쯤 경험한 아이들에게 미치는 부정적 영향입니다. 그래서 아이가 노출 수위가 높은 영상이나 웹툰, 웹소설 등을 본다는 걸 인식한 순간 안내되어야 합니다. 물론 당장 흥분하여 감정을 앞세우는 행동은 삼가야겠지요. 이런 종류의 대화는 아이에게 죄책감 혹은 수치심을 안길 수도 있는 문제이기에 꼭 부모의 감정이 안정된 뒤에 나눠야 합니다.

아이와 대화를 진행할 때는 정확한 기준과 단호한 태도가 동반되어야 합니다. 자칫 모호한 기준인 '적당히' 보라고 하거나 쿨한 부모가 되고 싶어 "이 시기의 아이는 그럴 수 있다", "호기심에 볼 수 있으니 많이 보지 않으면 된다"라는 말은 아이의 행동에 결코 도움이 되지 않기 때문이에요. 하지 말아야 할 일에 대해서는 절대 안 된다는 기준을 명확히 말해줘야 합니다.

물론 당장 아이가 말을 들을 가능성은 낮겠죠. 그래도 부모의 말은 아이의 행동을 머뭇거리게 하고 한 번 더 생각하게 만드는 힘이 있어요. 아이의 절제력이 단단해지는 힘의 바탕에는 부모의 수고와 노력이 있습니다. 그러니 포기하지 마세요!

"나가기 귀찮아. 그냥 집에 있을게"

온라인 놀이 외에 다른 취미를 거부하는 딸

> ✔ **이 대화를 통해 아이가 갖게 될 힘**
> 회복탄력성

 부모의 속마음

'막말로 내 아이가 은둔형 외톨이도 아니고 종일 저렇게 자기 방에만 틀어박혀 있으니 너무 걱정된다. 저 좋아하던 걸 하러 가자고 해도 귀찮다는 말만 되돌아올 뿐. 하루 이틀도 아니고 매번 외출을 거부하는 딸이 스마트폰을 쥐고 있는 모습만 봐도 이젠 화가 머리끝까지 올라온다. 스마트폰에 빠져 사는 꼴이 보기 싫어 시간 제약을 두겠다고 하면 아주 펄쩍 뛰는 통에 제대로 된 합의점도 찾지 못하고 계속 이렇게 끌려간다. 어떻게 하면 저 괴물 같은 물건에서 내 아이를 구해 낼 수 있을까?'

 **딸의 속마음**

'스마트폰만 있으면 놀거리가 넘쳐난다. 이렇게 재밌는 걸 두고 굳이 외출해서 여기저기 피곤하게 다닐 필요가 있을까? 엄마, 아빠는 자꾸만 나를 못 데려가서 안달이지만 나는 여행도 귀찮고 등산은 더 싫다. 집에 있으면 온라인 속 친구들과 종일 수다 떨고 게임하며 놀 수 있는데 왜 번거롭게 외출해야 하지? 솔직히 밖에 나가면 부모님 잔소리, 식당에서 대기하는 시간, 꽉 막힌 길로 이동하는 차 안이 얼마나 지겹고 재미없는데. 종일 아무도 없이 스마트폰만 실컷 하고 싶다.'

딸 : "나가기 귀찮아. 그냥 집에 있을게."

NO 이 말은 참으세요

"어떻게 된 애가 맨날 집에서 스마트폰만 잡고 있니? 사람이 걷기도 하고 사람도 만나면서 남들처럼 살아야지. 너 이 정도면 진짜 중증이야. 심각한 거라고! 계속 이렇게 외출도 안 하고 비협조적으로 나오면 휴대폰 당장 해지해 버린다?!"

YES 이렇게 말해보세요

"특별히 해야 할 일이 있는 게 아니면 같이 다녀오면 좋겠는데. 우리 딸 혹시 혼자만의 시간이 필요한 거야? 엄마도 아무 방해 없이 혼자 뒹굴뒹굴하는 시간이 정말 꿀맛 같을 때가 있거든. 그럼 오늘은 특별히 우리 딸이 하고 싶은 대로 하고 다음번에는 엄마, 아빠랑도 좀 놀아줘. 네가 좋아하는 ○○○가 나오는 영화 예매해 놓을게. 알았지?"

나가기 싫어하는 딸, 어떻게 해야 할까?

한창 존중 육아가 유행했던 적이 있어요. 그와 비슷한 연장선상인지 지금도 아이에게 쩔쩔매는 부모가 많죠? 당연한 일도 아이에게 알려주기는커녕 말도 못 하고 눈치를 보는 건 아이를 위해서도 부모 본인을 위해서도 좋은 방향은 아니에요. 아이와 친하게 지내는 게 우선이 되어 스마트폰 사용 등의 행위를 제지하지 못하고 아이에게 맞춰준다는 건 딸을 위하기보다 방임에 가까운 일이지요.

자녀 교육에 있어 최대 허용, 최소 개입이 중요한 이유는 아이가 선택하고 행동할 수 있는 행위 자체에 범위가 정해져 있다는 것이에요. 사춘기 아이 역시 일정 범위의 제한과 규칙이 있을 때 더 편안해 하고 안정을 느낍니다.

아이 역시 알고 있어요. 자신이 이렇게 장시간 스마트폰만 보고 있으면 좋지 않다는 것을요. 종일 게임을 하고 영상에 푹 빠져 지내는데도 아무도 제지하지 않는다면 아이는 어떨까요? 분명 처음에는 신바람이 나겠지만 마음은 편하지 않을 거예요. 무분별한 컴퓨터, 스마트폰 사용은 건강에도 심각한 문제를 야기하지만 아무런 보호를 받지 못한다는 마음의 결핍을 초래할 수 있기 때문이에요. 투덜거리고 불편한 기색을 보이더라도 아이와 합의점을 찾는 것이 무엇보다 중요합니다. 물론 단시간에 개선되기는 쉽지 않을 거예요.

최소한 '우리 딸을 이 손바닥만 한 기기에만 의존하게 만들지 말자'라는 생각으로 접근해봅시다. '스스로 알아서 잘하겠지'라는 생각은 부모의 착각입니다. 주변을 둘러보면 사춘기 아이들의 놀이문화가 턱없이 부족한 게 사실이거든요. 아이의 관심사를 관찰하고 즐길 거리를 제공하는 건 부모의 몫이에요. 신바람 나게 즐길 수 있는 아이의 관심사가 바탕이 된 취미를 찾아주세요. 악기도 좋고 댄스도 좋고 그림도 좋습니다. '스스로 선택'한 일에 열정을 다하는 딸의 강점을 살리는 일상의 변화를 선물해주세요.

• 7장 •

장래 희망

사춘기에 접어들면 예전과 달리 아이의 진로에 대한 고민이
구체적으로 드러납니다. 세상 모든 걸 해낼 것처럼 자신감
넘치던 이전의 모습과 사뭇 다르다 할 수 있지요. 딸은 지금 많이
혼란스럽습니다. 반복되는 경쟁 속에서 생활하다 보니 내가 무얼
잘하는지 무얼 좋아했는지 기억조차 나지 않습니다.
지금 아이에게 필요한 건 부모님의 따뜻한 위로와 격려입니다.
배꼽 인사에 박수받고 말 한마디에 호들갑스레 칭찬받던 무조건적
사랑이 필요합니다.

35

"난 꿈이 없어. 이래도 되는 걸까?"

목표가 없어 방황하는 딸

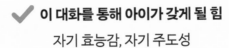

✔️ **이 대화를 통해 아이가 갖게 될 힘**

자기 효능감, 자기 주도성

 **부모의 속마음**

'초등학교 때는 설레며 키워오던 꿈에 들떴던 아이가 이제는 꿈이 없다고 한탄한다. 다른 친구들은 다 꿈이 있는데 우리 딸만 꿈이 없어 한심하다고 생각한다는 얘길 듣고 솔직히 놀랐다. 아직 성인이 되기까지 시간이 꽤 남았기에

전혀 문제 될 게 없다고 생각했는데, 아이의 반응은 생각보다 심각하다. 지금 할 수 있는 일에 최선을 다하며 차근차근 여러 경험을 하고 꿈을 찾으면 될 텐데 왜 저렇게 조급한 걸까? 한창 예민한 시기에 아이에게 어떻게 얘기해야 잔소리로 들리지 않고 좋은 답을 제시해 줄 수 있을지 걱정되어 무거운 숙제를 받아 든 기분이다.'

딸의 속마음

'난 왜 꿈이 없을까? 이런 내가 뭔가 잘못된 게 아닐까? 공부를 잘해야 꿈을 이룰 거로 생각했는데 성적과 상관없이 이미 자기만의 꿈을 가지고 미술학원에 가고, 웹툰 작가를 꿈꾸고, 댄스학원에 매일 다니고, 노래를 너무 잘해 가수라 해도 손색이 없는 친구도 있는데 난 어느 것 하나 뛰어나게 잘하는 게 없다. 이런 내가 나중에 무얼 할 수 있을까? 좋은 대학은 갈 수 있을까? 엄마, 아빠의 기대에 부응할 수는 있을까? 나도 뛰어나게 잘하는 게 있다면 좋을 텐데. 내 꿈도 모르는 내가 한심하다.'

딸 : "난 꿈이 없어. 이래도 되는 걸까?"

NO 이 말은 참으세요

"꿈이 뭐 대수라고 그렇게 심각하게 생각해. 때가 되면 또 꿈이 생기고 그러는 거지. 남들도 다 그렇고 엄마, 아빠도 그랬어. 쓸데없는 걱정하지 마."

YES 이렇게 말해보세요.

"엄마도 중학생 때 같은 고민을 했었어. 이전까지 생각했던 꿈이 갑자기 사라져 당황했던 기억이 지금도 생생하거든. 누구나 이런 경험을 하게 된다던데 우리 딸은 벌써 자신의 꿈에 대한 고민을 시작했다는 게 엄마는 무척 대견한데? 이런 고민이 들 때는 지금 내 마음에 귀 기울여보면 좋다고 하더라. 지금 당장 해결하고 싶은 문제가 있는지, 난 무얼 할 때 가장 즐거워하는지 생각해보는 거지."

꿈이 없다는 아이, 어떻게 해야 할까?

생각보다 사춘기에 접어든 아이들에게서 쉽게 들을 수 있는 이야기 중 하나가 꿈, 진로에 관한 것이지요. 부모가 느끼는 것보다 아이에겐 충분히 심각하게 느끼는 주제랍니다. 막연히 꿈을 직업과 연결해 생각하는 부모와 자신이 잘하는 일에 집중하는 사춘기 딸과의 생각 차이가 크기 때문이겠지요. 아이에게 위로가 될 이야기를 열정적으로 쏟아내지만 돌아오는 반응은 그에 미치지 않습니다. 부모에게 정답 같은 정보들이 아이에게는 꼰대로 비치기 십상이거든요.

아이가 이런 말을 한다는 건 꿈을 가지고 싶다는 의지를 보여주는 거랍니다. 그러니 목표가 없다는 아이에게 억지로 목표와 꿈을 만들어주기 위해 애쓸 필요는 없습니다. 아이는 원하는 것을 얻기 위해 무엇이 필요하고 무엇을 해야 하는지 몰라서 그럴 가능성이 커요. 이럴 때일수록 아이의 이야기에 집중해주세요.

대부분 부모는 아이의 꿈을 질문하며 그에 관련된 직업을 얘기해주는 걸 당연하게 생각해요. 아이가 "나는 사람들이 아플 때 도와주고 싶다"고 얘기했을 뿐인데,

"아, 너는 의사가 되고 싶구나"라고 단정 지었던 순간들을 우리는 반성해야 합니다. 내 마음대로 꾼 꿈을 아이에게 그대로 전가하며 너는 의사가 되기 위해서는 더 공부해야 한다고 몰아세우고 성취도가 낮은 아이를 향해 "너는 네 꿈에 대한 책임감이 없다"라며 손가락질하는 일은 그만둬야 할 때입니다.

아이가 제대로 자신의 마음을 들여다보길 진정으로 원한다면 재촉하지 마세요. 아이에게는 자신이 느끼는 불안감을 해소해줄 수 있는 답이 필요해요. 물론 정확한 답을 요구하는 게 아니라는 위로가 필요한 것이지요.

'나는 꿈이 없어 못난 사람이야'라는 부정적인 감정을, 혹은 무슨 문제를 해결하고 싶은지, 자신이 잘하는 건 무엇인지 생각해 볼 수 있는 질문으로 전환시켜 주세요. 꿈에 대해 고민하는 것은 무척이나 자연스럽고, 그런 고민을 하는 아이 스스로 꽤 멋진 사람이라는 걸 인지하는 과정만으로도 충분히 딸의 마음은 단단해질 수 있답니다.

36

"그거 되기 엄청 힘들대. 그럼 난 안 할래"

실패와 좌절을 미리 겁먹고 두려워하는 딸

> **이 대화를 통해 아이가 갖게 될 힘**
>
> 자기 효능감, 자기 주도성

 부모의 속마음

'아이의 꿈을 늘 응원했다. 자신이 되고 싶은 꿈 이야기를 할 때 반짝이는 아이의 눈빛이 좋았다. 멋진 호텔을 지어 엄마, 아빠에게 스위트룸을 내어주겠다는 얘기에 다 같이 함박웃음을 지었던 게 엊그제 같은데. 갑자기 자기에겐 턱없이 높은 벽이라고 포기를 선언하는 아이. 아직 중학생일 뿐인데 도전하기도 전에 포기하는 모습이 왜 이리 나약해 보일까? 저래서 앞으로 제대로 큰일이나 할 수 있을런지….'

딸의 속마음

'사실 난 건축가가 되고 싶다. 멋지게 지은 건물을 보면 심장이 마구 뛴다. 어떤 구조를 가졌는지도 궁금하고, 건물을 설계한 건축가의 상상력이 너무 근사하게 느껴진다. 가우디 이야기를 읽는데 당장 스페인에 가보고 싶은 생각이 들 만큼 난 건축에 진심이었다. 하지만 얼마 전 건축가에 관한 영상을 봤는데 나는 도저히 하기 힘들 것 같다. 머리도 엄청 좋아야 하고 학과 성적도 엄청 높고 스트레스도 엄청나다고 한다. 내 성적으로는 어림도 없지만 그렇게 힘든 일이면 일찌감치 포기하는 게 낫겠다.'

딸 : "그거 되기 엄청 힘들대. 그럼 난 안 할래."

NO 이 말은 참으세요

"제대로 노력도 안 해보고 뭐 그리 나약한 소리부터 해? 세상에 쉬운 일이 어딨다고. 노력하고 공부하고 최선을 다해야 내가 하고 싶은 일을 할 수 있는 거야. 공부도 안 하면서 꿈만 크게 가지면 되겠어? 조금만 힘들어 보여도 도망갈 생각부터 하고, 너 그래서 앞으로 이 험한 세상 어떻게 살아갈래?"

YES 이렇게 말해보세요

"그러게, 엄마도 잘 몰랐는데 생각보다 더 많이 공부하고 노력이 필요한 일이더라. 건축가로 성공하는 일도 쉽지 않고 목표하는 성과를 얻기까지 힘들 것 같고. 하지만 네가 진심으로 하고 싶은 일을 하면서 돈도 벌고 타인의 삶을 윤택하게 도울 수도 있다면 멋진 일이 아닐까? 아직 포기하기에는 이른 거 같은데, 할 수 있는 데까지 노력해보는 건 어때? 엄마가 응원할게."

실패를 두려워해 도전조차 머뭇거리는 아이를 어떻게 도와줘야 할까?

차라리 천방지축으로 하고 싶은 일들에 대해 늘어놓던 시절이 좋았어요. 언제부터 이렇게 자신감을 잃었는지 당황스럽기만 합니다. 생각보다 우리 아이들은 우리가 예상하는 것 이상으로 넘치는 정보 속에 살고 있어요. 본인의 생각과 전혀 다른 답변에 혼란을 경험하기도 하고 두려움과 좌절을 마주하기도 해요.

누구나 자신의 능력을 의심하고 머뭇거리고 실패를 두려워하는 경험을 반복합니다. 그 과정 안에서 배우고 깨달아가며 나만의 길을 찾는 것이 중요하지요. 아이는 사실 잘 해내고 싶은 마음이 커요. 안 하겠다는 의미가 아니라 자신감이 부족해져 도망갈 방법부터 찾는 거랍니다. 아이가 나약해서 그럴까요? 세상 모든 일이 귀찮아서 하기 싫다는 걸까요?

사실 아이는 부모가 실망하는 모습이 두렵고, 실패할 스스로를 마주할 자신이 없는 거예요. 갈수록 아이들 인내심의 깊이가 얕아지고 있어요. 부모가 만들어 놓은 완벽한 꽃길만 걷다 보니 실패의 경험이 없어 혹시 모르는 결과에 대한 두려움 때문에 시작조차 꺼리는 게 요즘 아이들이라고 해요. 정말 가슴 아픈 일이 아닐 수 없습니다. 부딪히고 깨져봐야 자신이 무얼 잘하고 어떤 능력이 있는지 가늠할 수 있는데도 말이에요. 부정적 감정을 들어주는 것에 익숙해져야 해요. 쉽지 않기 때문에 연습해야 하고, 아이의 말이 어떤 의미인지 내면을 이해하는 연습을 해야 제대로 된 부모 역할을 해낼 수 있습니다.

결과가 아닌 아이가 해나가는 과정에 관심을 가지는 연습을 꾸준히 해보세요. 딸에게는 부모가 건네는 격려의 한 마디가, 믿어주는 눈빛 하나가 그 어떤 성취보다 값진 의미를 전해줄 겁니다.

"돈 잘 버는 직업이면 돼"

진로 선택의 기준이 오직 돈인 딸

- -

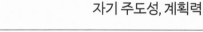

✔️ **이 대화를 통해 아이가 갖게 될 힘**

자기 주도성, 계획력

 부모의 속마음
- - - - - - - - - -

'어쩜 어린애가 벌써 저렇게 속물 같은 소리를 하는 건
지. 물론 돈도 잘 벌고 남들 보기에도 좋은 직업이면 좋지.
누가 뭐라 그래. 남들도 다 그렇게 살고 싶어 하는 거 나도
인정한다고. 그래도 돈이 모든 선택의 기준이 되면 안 되

271

잖아. 언제부터 저렇게 돈을 좋아하는 아이가 되었을까.
남들이 들을까 부끄럽고, 내가 아이에게 무슨 실수를 한
건 아닌지. 내가 뭔가 잘못 가르친 게 아닌가 싶어 회의감
이 밀려온다.'

 딸의 속마음

'난 돈 많은 부자가 되고 싶다. 정확히 목표가 정해진 건
아니지만 돈을 많이 벌 수 있는 직업이면 좋겠다. 돈이 많
으면 하고 싶은 일을 실컷 하면서 편하게 살 수 있으니까.
부모님은 내가 좋아하고 잘하는 일을 해야 한다고 하지만
돈을 못 벌면 의미가 없잖아. 소득이 높은 직업 중 내가 잘
할 수 있는 걸 찾아봐야겠다. 이왕이면 내가 재미있게 할
수 있는 일이면 더 좋겠지.'

딸 : "돈 잘 버는 직업이면 돼."

NO 이 말은 참으세요

"아직 어린 녀석이 벌써부터 돈타령
이나 하고 너 커서 뭐 되려고 그래? 남
들이 들으면 다 엄마, 아빠 욕해. 자식
을 어떻게 키웠기에 저러냐고. 그리고 솔직
히 그 사람들이 다 처음부터 그렇게 돈 많은 부자였겠어?
다 노력해서 얻은 결과지. 세상에 공짜가 어디 있니? 돈 잘
벌고 싶으면 지금부터 정신 똑바로 차리고 공부나 해."

YES 이렇게 말해보세요

"며칠 전에 읽은 기사 때문에 그래? 엄마도 읽었는데 직
업별, 기업별 연봉 순위가 발표되니 관심이 가더라. 내가
잘하는 일을 하면서 돈도 많이 벌고 남들에게 인정도 받을
수 있다면 더없이 좋은 일이지. 이왕이면 사회적으로 좋
은 일을 할 수 있다면 금상첨화고 말이야. 그런데 돈이 많
다고 해서 그게 꼭 행복과 연결되는 건 아닌 것 같아. 돈이

많아도 도덕적이지 못해 연일 사회면을 장식하기도 하고 우울증에 시달려 누구보다 불행한 삶을 사는 사람들도 많잖아. 엄마는 네가 돈도 잘 벌고 멋진 직업을 가지는 것도 좋지만 우리 딸이 진심으로 좋아하고 행복해하는 일을 꼭 경험해봤으면 좋겠어."

돈만 많이 벌면 좋다는 아이, 어떻게 받아줘야 할까?

솔직히 아이 말이 틀렸다고 하긴 어려워요. 부모 역시 돈을 많이 벌고 싶고 내 아이도 돈 걱정 없이 편히 살기를 바라는 건 부모의 당연한 마음이니까요. 돈이 행복의 기준은 될 수는 없겠지만 없으면 힘들어질 수 있다는 아이 말도 틀리지 않아 반박할 수가 없습니다.

우리는 왜 이렇게 돈이라는 말이 불편할까요? 아마도 오래전부터 우리가 느끼고 배워온 세상은 돈에 관심을 가지면 속물처럼 여기고 금기시했던 무의식적 사회 분위기 때문이겠죠. 부모도 돈을 많이 벌고 싶어 하지만 돈만 밝히고 부자가 되는 게 최고라는 아이의 말은 어딘지 불편합니다. 내가 아이를 잘 못 키운 게 아닌지 걱정이 되기도 하니까요.

매스컴에서 연일 소득이 줄 세워지는 일을 심심찮게 보게 되는 현실 속에서 마냥 환상 속 꿈을 좇는 게 아닌 현실적인 감각을 아이는 키워가는 중이에요. 모든 기준이 돈과 부자로 국한된다면 문제겠지만 자본주의 사회에서 스스로 삶을 주체적으로 살아가기 위해 현실적으로 고민하는 아이의 말을 있는 그대로 인정해주세요. 아이도 나름 치열하게 고민한 결과일 수 있습니다. 경제관념을 키우고 어떻게 살 것인지에 대해 고민하는 일은 누구에게나 필요한 일이니까요.

부모의 메시지는 자칫하면 잔소리가 될 수 있으니 사춘기 딸에게 도움이 되고 싶다면 정보성 피드백을 해주세요. '돈'을 바라보는 태도나 행동에 따른 결과들을 구체적 사례로 전달하면 더욱 좋겠죠? 아이는 지금도 자라고 있습니다. 여러 고민과 갈등 속에서 '나만의 해답'을 찾기 위해 오늘도 최선을 다하는 우리 아이를 믿고 응원해 주세요. 치열하게 시행착오를 거친 만큼 딸은 훨씬 더 성숙한 성인으로 자라게 될 겁니다.

(38)

"나는 잘하는 게 하나도 없어"

자신의 강점을 몰라 자신감이 사라진 딸

> ✔️ **이 대화를 통해 아이가 갖게 될 힘**
> 자기 효능감

 **부모의 속마음**

'어릴 적부터 똑 부러지는 아이를 보고 주변에서 얼마나
칭찬을 많이 했었는지 지금도 생생하다. 다재다능했던 우
리 딸이 어느 순간부터 그저 보통의 아이가 되어가고 있
다. 공부도, 악기도, 운동도 어느 것 하나 특출난 게 없다.

기죽은 듯 자신감도 없고 잘했던 것조차 못 한다며 자존감이 낮아진 아이. 특출나게 잘하는 것을 하면서 자신감도 높아진다는 데, 아이가 초등 고학년이 될 때 공부하라고 관두게 했던 것들이 생각나 자꾸만 마음이 쓰인다.'

 딸의 속마음

'나는 잘하는 게 하나도 없는 것 같다. 예전에는 선생님들이나 주변 어른들이 매일같이 칭찬해주셔서 내가 엄청 대단한 사람인 줄 알았다. 공부도 잘하고, 피아노부터 수영까지 못 하는 게 없다고 생각했으니까. 중학교에 와서 보니 공부고 운동이고 뛰어나게 잘하는 애들이 너무 많아서 놀랐다. 진로 수업을 하면 내가 잘하는 걸 생각해보라는데 갈수록 나도 나를 잘 모르겠다. 남들 앞에서 자신 있게 잘한다고 얘기할 만한 게 없다.'

딸 : "나는 잘하는 게 하나도 없어."

NO 이 말은 참으세요

"네가 왜 잘하는 게 없어. 어릴 때부터 피아노 학원에 스케이트에 수영에 댄스학원까지 네가 하고 싶다는 건 다 시켜줬는데, 이제 와서 잘하는 게 하나도 없다니 말이 되니? 엄마가 학원 끝날 때마다 너 픽업하고 쏟아부은 돈이 얼만데 그런 소릴 해. 하여튼 끝까지 진득하게 하지도 않고 하고 싶다고 시켜주면 힘들다고 그만두고 재미없다고 쉬고 그러니 뭐 제대로 된 결과물이 나올 수가 있나. 지금 생각하면 정말 후회막심이야."

YES 이렇게 말해보세요

"우리 딸이 잘하는 게 왜 하나도 없어. 힘들어도 꾹 참고 열심히 해서 수영 대회에서 메달도 따고, 한 달 동안 열심히 연습한 줄넘기 대회에서 대상도 타고, 그림 대회에 나갈 때마다 상을 타서 신문에도 났었잖아. 엄마는 그날 너랑 같이 사진 찍으면서 심장이 콩닥대고 얼마나 자랑스러

웠는지 몰라. 우리 딸은 뭐든지 즐겁게 하고 또 열심히 하
잖아. 엄마는 그게 가장 대단하다고 생각해. 포기하지 않
고 늘 성실하게 하는 자세 말이야. 그런 과정이 있어서 우
리 딸이 지금 이렇게 멋진 거잖아. 엄마는 항상 우리 딸 열
혈 팬이야, 잊지 마."

자신감이 없는 아이, 대체 이유가 뭘까?

예전에는 뭐가 됐든 자신감이 넘쳤던 내 아이. 어느
순간부터 비관적인 단어만 골라 사용하며 잘하는 게 하
나도 없다며 위축되는 딸을 바라보는 부모의 마음은 안
타깝기만 합니다. 엄마, 아빠가 보기에는 뭐든 척척 해
내는 딸인데 왜 본인 스스로 저렇게 자신감이 없을까요?

부모 생각과 달리 아이는 자신감 넘쳤던 유치원, 초
등학교 시기를 벌써 잊었어요. 성적으로 평가하고 눈에
보이지 않는 서열사회에 자신도 모르게 젖어 들었어요.
스스로 할 줄 아는 건 공부밖에 없는데 공부조차도 뛰
어나질 않으니 극단적으로 '나는 잘하는 게 하나도 없는
사람'이라고 스스로 치부해버리는 것이지요. 공부 외의

것을 해본 경험이 없기 때문에 눈에 띄는 특기도 어떤 분야에 소질이 있는지 알 수 없습니다.

온통 사막뿐인 지역에 살며 조경사의 꿈은 상상조차 할 수 없는 것과 같은 맥락이지요. 김연아 선수가 스케이트를 타보지 못했다면 본인이 재능이 있다는 걸 알았을까요? 박세리 선수가 골프장에 갈 기회가 없었다면 그녀의 인생은 또 다른 그림을 그려냈을 수도 있습니다. 이젠 우리 아이에게 공부 외에 다른 활동을 할 시간을 선물해보세요. 거기서부터 시작하면 됩니다.

마음껏 상상해보고 체험도 해보며 아이 스스로 좋아하는 것과 잘하는 것을 발견할 기회를 만들어주세요. 그렇지 않으면 아이는 처음부터 기회를 박탈 당했다고 할 수도 있어요. 딸의 관심사, 아이의 이야기에 조금만 귀 기울여보세요. 무엇을 배우고 싶고 무얼 잘하고 싶은지 이야기를 하면 생각보다 아이 마음을 많이 알게 될 거예요. 학교 마치고 학원으로 내달리기 바쁜 것도 너무도 잘 알고 있습니다. 조금이라도 부족하면 다른 아이들에게 뒤처질 것 같아 부모도 아이도 학원에 온종일 시간을 빼앗겨도 크게 거부하지 않습니다. 겁이 나기 때문이지요.

아이의 인생에서 어느 순간 진정으로 가슴 뛰게 즐거운 일을 만날지 아무도 모릅니다. 코앞의 내신 성적보다는 아이가 잘하는 것을 찾을 수 있게 기회를 주세요.

아이가 목표한 학교가 있다면 부지런히 학습에 전념해야겠지만 일주일에 한 번, 한 달에 몇 번 정도는 새로운 경험, 도전, 상상하지 못한 일상을 선물해주세요. 그 속에서 분명 아이는 보석같이 반짝이는 딸아이만의 강점을 찾아낼 테니까요.

싱그러운 봄날, 아이가 내게 말했다

　사춘기를 지나는 아이는 수많은 감정 기복을 거쳐 점차 안정적인 모습을 보이기 시작합니다. 나도 모르게 솟아오르는 감정을 감당할 자신이 없어 소리를 지르고 울음을 터뜨리는 아이. 이 아이의 가장 편안한 쉴 곳이 되어주겠다 결심하고 사춘기를 함께 보냈습니다.

　감정이란 망망대해에서 유일하게 내가 숨을 쉬고 쉴 수 있는 세상에서, 가장 튼튼하고 안전한 배가 되어줄 수 있기를…. 사춘기에 경험하는 감정의 바다를 잘 건너 아이가 목표한 그곳에 닿을 수 있도록 아이를 지지하는 것이 무엇보다 중요하다는 걸 가슴으로 배운 시간이었습니다. 심술에는 유머로 대하고, 짜증에는 친절한 말 한마디를 전하는 게 처음에는 참 어려웠습니다. 하지만 노력하면 못 할 일이 없다는 걸 아이를 통해 배우고 또 깨달아갑니다. 아이에게 지금 저는 세상에서 제일 재미있고 웃기는 사람이 되었어요. 지친 어깨로 축 처진 아이를 보는 것보다 나와 나누는 시답잖은 농담에 한 번이라도 웃을 여유를 가질 수 있는 시간이 행복했습니다.

딸이 온갖 불쾌감과 전쟁 같은 시간을 보내야 하는 대상이 부모가 아니기를 진심으로 기도합니다. 무엇에든 표현하고 분출하고 싶어 하는 사춘기 자녀의 공격 방향이 부모를 향하게 하지 않게 해야 합니다. 딸에게 있어 부모는 자신의 위기를 털어놓고 전략을 모색할 수 있는 같은 편이 되어야 합니다. 그러면 아이는 그 시기를 덜 힘들게 지나게 되고, 부모는 아이를 통해 새로운 세대를 경험하게 됩니다. 아이와 부모가 함께 성장할 수 있는 매우 좋은 기회가 되는 것입니다.

넘어질까 손잡아주고 싶고 깨뜨릴까 불안하지만 인내심을 가지고 유아기의 내 아이에게 스스로 할 수 있음을 기다려줬던 것처럼, 사춘기라는 이름으로 우리 앞에 서 있는 내 아이의 지금을 정상적인 성장 발달을 위한 의미 있는 과정이라 믿어보세요.

평생 내 아이를 몸만 자란 어린아이로 데리고 살 것이 아니라면 지금 이 과정을 유쾌하고 즐겁게 독립시킬 준비라 생각해주세요.

"엄마 대단한 건 아니지만 나 하고 싶은 일이 생겼어."

저는 최근 아이의 계획에 대한 긴 이야기를 들었습니다.

이제 4년 뒤면 수능을 치르게 될 자신이 어떻게 대비해야 할지에 대한 것은 물론 수능 시험 이후 취득하고 싶은 자격증을 깨알같이 자신의 노트에 빼곡히 정리해 읽어주더군요.

아이는 제가 생각하는 것 이상으로 자신의 미래에 대해 고민하고 걱정하고 좀 더 나은 사람이 되려 노력하고 있었습니다.

사춘기 부모의 역할은, 아주 낮은 밑바닥에서부터 차근차근 밟아 올라 꽤 괜찮게 성장한 부모의 모습으로, 매 순간 성장하고 변화하는 아이의 일상 곳곳에 숨어 있는 긍정적 의도에 박수를 보내고 격려라는 이름으로 곁을 지키는 일이라 생각합니다. 꽃망울이 만개하는 과정을 지켜보듯이 부담보다는 지금을 최대한 즐기는 과정이 되었으면 좋겠습니다.

엄마, 이현정

꼭 거쳐야만 하는 소중한 시간

나는 내 사춘기가 나름 순탄하게 지나갔다고 생각한다. 가끔은 주체할 수 없이 짜증이 나고, 나도 모르게 날 선 말이 나간 적도 있었지만 그렇게 실수할 땐 스스로 자각하고 반성할 수 있었다. 사실 지금도 사춘기가 끝났는지 알 수는 없지만 나의 그런 성격 덕분에 사춘기를 괜찮게 보낼 수 있었다고 생각한다.

아무것도 생각하지 않고 놀았던 중학교 1학년 때와는 다르게 2학년에 되자 진로와 성적에 대해 고민이 많이 생겼고, 스트레스도 많이 받았다. 사교적이고 활발했던 예전과는 다르게 차분하고 조용한 성격이 된 것도 같다. 공부하거나 휴대폰이나 TV를 보는 일상이 반복되다 보니 취미 생활도 줄었고, 편한 시간이 없어진 것도 큰 변화라는 생각이 든다. 그래도 내 미래와 자기 계발에 관심이 생겨 수능 이후 취득하고 싶은 자격증을 알아보고 리스트를 작성해보기도 했는데, 그걸로 내게 또다른 목표도 생겼다.

특히 처음으로 반장이 되었고, 임원 일에 서툴기도 했고 힘들었던 부분도 있었지만 반 친구들이 내가 반장이어서 정말 다행이라는 이야기를 종종 해줬을 때 뿌듯했다. 비록 고생을 많이 했지만, 보람도 느꼈고 노력한 것에 대해 인정 받은 것 같아 기분 좋았다.

물론 아쉬운 부분도 있었다. 학생이기에 성적이 가장 아쉬웠다. 솔직히 시험 일주일 전에 벼락치기로 공부한 탓도 있지만, 열심히 노력했던 과목에서 생각보다 낮은 점수를 받았을 때 속상했다.

가끔 내가 스트레스 받거나 기분이 좋지 않을 때는 부모님이 나에게 무슨 말을 하든 짜증이 났었다. 반복적으로 했던 말을 계속할 땐 듣고 싶지 않기도 했다. 하지만 내가 가장 힘들 때 내게 위로가 된 건 "역시 너라면 잘 해낼 줄 알았어", "우리 딸을 믿어"와 같은 말을 해주는 부모님이었다. 그런 말들이 나를 다시 일으켜주었다.

'사춘기'라는 것 자체는 우리가 어른이 되려면 꼭 거쳐야만 하는 소중한 시간이지만, 실제 인식은 많이 다르다. 그렇기에 "너 사춘기구나", "사춘기라서 그렇지" 식의 말을 들으면 속상하다. 내 행동이 사춘기이기에 하는 행동이 아니라, 누구나 할 수 있는 행동인데 말이다. 내 사춘기가 아니라, 내 말이나 행동의 이유를 들여다봐줬으면 좋겠다고 생각한다.

심하게 사춘기를 겪거나 혹은 자신이 사춘기였다는 사실을 모른 채 지나가는 사람도 있다고 한다. 누구나 제각각의 모습으로 자신만의 봄을 맞이하는 것이니, 사춘기를 맞이하는 후배들이 있다면 그냥 받아들이라고 말해주고 싶다.

다만, 스스로 주체할 수 없는 짜증이 밀려온다면 속으로 딱 10초만 세보자. 10초가 지나고 생각해보면, 참길 잘했다는 생각이 들 테니까.

　마지막으로 부모님께 꼭 전하고 싶은 말이 있다.

　엄마, 아빠! 고맙습니다. 나도 모르는, 내가 어른이 되어 가는 과정을 세심하게 알려고 노력해주셔서. 저를 위해 애써주셔서 정말 고맙습니다.

딸, 이예진

사춘기 딸에게 힘이 되어주는
부모의 말 공부

초판 1쇄 발행 2023년 4월 24일
초판 5쇄 발행 2024년 6월 17일

지은이 이현정
펴낸이 김선준

편집이사 서선행
편집2팀 배윤주, 유채원 **디자인** 엄재선, 김예은
일러스트 우민혜
마케팅팀 권두리, 이진규, 신동빈
홍보팀 조아란, 장태수, 이은정, 권희, 유준상, 박미정, 박지훈
경영관리 송현주, 권송이

펴낸곳 ㈜콘텐츠그룹 포레스트 **출판등록** 2021년 4월 16일 제2021-000079호
주소 서울시 영등포구 여의대로 108 파크원타워1 28층
전화 02) 332-5855 **팩스** 070) 4170-4865
홈페이지 www.forestbooks.co.kr
종이 월드페이퍼 **인쇄** 한영문화사

ISBN 979-11-92625-40-9 (03590)

㈜콘텐츠그룹 포레스트는 독자 여러분의 책에 관한 아이디어와 원고 투고를 기다리고 있습니다. 책 출간을 원하시는 분은 이메일 writer@forestbooks.co.kr로 간단한 개요와 취지, 연락처 등을 보내주세요. '독자의 꿈이 이뤄지는 숲, 포레스트'에서 작가의 꿈을 이루세요.